本专著为河北省社会科学基金项目结项成果

环境成本内部化的
政府激励政策研究

孟祥松　著

人民出版社

序　言

　　中国经济飞速发展的同时,也带来了相应的生态环境问题,直接构成了中国经济可持续发展的威胁;在国际上,为应对全球变暖,欧美国家对中国碳排放提出减排要求,面对国内生态环境恶化的威胁和国际减排压力,政府迫切需要制定有效的政策缓解这一状况。目前中国正处于工业化快速发展期,对于环境资源与能源的需求仍在上升,有必要对环境成本内部化的政府激励政策进行深入研究,以探明环境成本内部化的影响因素及各利益相关方博弈策略选择,从而为中国环境成本内部化的政府激励政策设计与实施提供理论依据和政策参考。

　　从经济学的研究角度看,环境资源与能源具有公共产品的属性,由于长期过度消耗而产生的环境成本得不到补偿,大量的外部环境成本不断沉积,导致环境资源的市场配置失灵。要想实现环境成本内部化,可以运用界定产权和政策激励的方式,使企业承担的成本等于相应的社会成本,从而实现社会经济与生态环境的协调发展。本书从理论和实践两大方面构建基本的研究思路,并将基础研究和应用研究有机结合起来。首先,定位于基础研究。重点研究环境成本内部化与政府激励政策的基础理论。通过理论梳理,在对外部环境成本影响因素实证研究的基础上,分析环境成本内部化的影响因素,揭示政府激励与环境成本内部化建设的辩证关系,着重研究政府激励推动环境成本内部化建设的利益相关方的博弈。其次,定位于应用研究。重点研究政府激励推动环境成本内部化建设的作用,包含政府激励推动环境成本内部化建设的微观和宏观途径与方式等内容,借鉴欧盟环境成本内部化的政府激励政策的经验,为我国完善环境成本内部化的政府激励政策提出建议。按照上述写作思路,主要内容如下。

(1)环境成本内部化的政府激励政策理论分析。对环境成本内部化及政府激励政策进行界定;通过外部性理论的经济学分析及资源价值理论解析,论证环境成本内部化的开展意义;进而在此基础上,运用委托代理理论和激励性规制理论分析环境成本内部化的政府激励政策,得出市场机制无法调节外部环境成本的内部化,需要政府测算环境承载力,并据此设计环境成本内部化的激励政策,刺激企业主动进行内部环境治理,消除环境成本的外部性影响。

(2)环境成本内部化政策问题与影响因素实证分析。对中国环境成本内部化政策的演变进行梳理,探究中国环境成本内部化激励政策应用中的问题与不足。中国的环境成本内部化政策虽然经历了一个不断完善的演化过程,但中国环境成本内部化机制和政策尚未形成完整的体系,缺乏系统性和整体的连贯性,从宏观全局和战略高度真正发挥调控和规范约束作用的环境成本内部化激励政策尚未形成,致使发展经济过程中,超出环境负荷的外部环境成本不断增加。针对影响中国外部环境成本产生的主要变量,对可拓展的随机性环境影响评估模型(STIRPAT 模型)进行了拓展,建立了外部环境成本影响因素计量的模型,利用中国的 1990—2014 年面板数据进行实证研究发现:人口规模水平影响最大,碳排放强度影响最小,城市化水平和环境吸纳能力对环境成本无显著影响。针对产生外部环境成本的显著影响变量,提出了在人口规模约束下对外部环境成本加以内部化的主要影响因素包括:环境规制、外贸政策、排污权交易、环境技术效率和公众环境意识。

(3)环境成本内部化的政府激励政策博弈分析。实施环境成本内部化的目的是促使企业成为外部环境成本承担者,从而解决由于环境成本的外部性产生的环境问题。由于中国市场经济的发展使得环境成本内部化的主体变得更加多元化,动力发生了根本性的变化。本书第五章对环境成本内部化利益相关方进行博弈分析,在讨论跨界环境成本内部化问题时,分别建立了发达国家和发展中国家以及只有两个国家参与的相邻国家跨界环境成本内部化博弈模型;针对国家范围内的环境成本内部化问题,分别构建了政府与企业、中央政府与地方政府以及中央政府、地方政府和企业的博弈模型。提出全球生态环境质量的提高,需要通过建立约束机制;国内的环境成本内部化,要求中央政府应尽快制定环境成本内部化的激励政策,充分发挥导向作用。

(4)欧盟环境成本内部化的政策梳理。环境成本内部化政策是决定能否实现可持续发展的关键要素,对生态文明建设起着重要的作用。在世界经济发展中,欧盟的许多成员国都经历了先污染后治理的弯路,在环境成本内部化的实施中积累了很多的经验。本书第六章对欧盟外部环境成本内部化政策实践的分析,找出了中国在环境成本内部化政策在税收激励、生态补偿激励、排放权交易方面存在的差距及可借鉴的经验。

(5)环境成本内部化的政府激励政策设计。在分析环境成本的影响因素以及环境成本内部化的利益相关方博弈基础上,针对中国环境成本内部化激励政策应用中的问题,借鉴欧盟环境成本内部化激励政策的经验,提出了完善环境成本内部化的政府激励政策建议。包括激励导向的环境成本内部化制度、价格激励政策、税收激励政策、生态补偿激励政策和排污权交易激励政策。

为了实现中国经济向可持续绿色发展的转变,应将环境成本纳入宏观经济政策分析及政府战略制定过程中,构建环境成本内部化的政策体系,真正达到全方位、各层面适应资源节约与生态文明建设的要求。鉴于此,本书对环境成本内部化的政策体系进行深入研究,在对中国产生外部环境成本的影响因素进行计量研究的基础上,对环境成本内部化的影响因素进行分析,揭示政策体系与环境成本内部化建设的辩证关系,以探明环境成本内部化的影响因素及各相关方的环境利益诉求,为中国环境成本内部化的政策体系设计与实施,提供理论依据和政策参考。

孟祥松

2018 年 10 月

目　录

导　　言

一、研究背景和意义

国际上，为应对全球变暖，欧美国家对中国碳排放提出减排要求；而在国内，生态环境的恶化趋势没有得到有效的控制，已经成为制约中国实现可持续发展的瓶颈。面临国际减排的压力和国内生态环境恶化的威胁，政府迫切需要制定有效的政策缓解这一状况。

（一）研究背景

党的十八大报告在第八章的"大力推进生态文明建设"中明确提出："深化资源性产品价格和税费改革，建立反映市场供求和资源稀缺程度、体现生态价值和代际补偿的资源有偿使用制度和生态补偿制度。"[①]为环境成本内部化政策明确了方向，通过价格和税费改革，提高企业主动实施环境成本内部化的积极性。然而，中国的环境污染排放问题依然严重，环境成本内部化的形势十分严峻。

一是遏制生态环境恶化趋势的任务艰巨。国家针对环境质量改善出台了一系列环境保护措施，实行经济发展的绿色化改革。"十一五"期间，国家将污染物排放指标作为约束性指标衡量环境保护绩效，并且将主要污染物排放总量显著减少作为经济社会发展的约束性指标，重

---

① 《坚定不移沿着中国特色社会主义道路前进为全面建成小康社会而奋斗》，《人民日报》2012年11月9日。

点解决生态环境问题。通过"十一五"期间生态文明建设根本措施的推进,环境主要污染物排放总量的减少较为显著,取得了阶段性进展,化学需氧量、二氧化硫排放总量比 2005 年分别下降 12.45%、14.29%,超额完成减排任务。在环境污染末端治理的投入方面也取得较好的环境效果,设区城市污水处理率由 2005 年的 52% 提高到 72%,火电脱硫装机比重由 12% 提高到 82.6%。[①]

党的十八大以来,党中央、国务院把生态文明建设摆在更加重要的战略位置,纳入"五位一体"总体布局,作出一系列重大决策部署,出台《生态文明体制改革总体方案》,实施大气、水、土壤污染防治行动计划。把发展观、执政观、自然观内在统一起来,融入执政理念、发展理念中,生态文明建设的认识高度、实践深度、推进力度前所未有。2019 年 3 月 18 日生态环境部发布的《2018 年全国生态环境质量简况》,报告显示:2018 年,全国生态环境质量持续改善,全国 338 个地级以上城市的细颗粒物(PM2.5)平均浓度同比下降 9.3%,京津冀及周边地区、长三角、汾渭平原 PM2.5 浓度同比分别下降 11.8%、10.2%、10.8%。水的方面,全国地表水好于Ⅲ类的水体比例同比增长 3.1 个百分点,劣 V 类水体比例下降 1.6 个百分点。植被覆盖情况,2018 年监测的 2583 个县域中,植被覆盖指数为"优"的县域有 1783 个,占国土面积的 45.4%。

从规划执行情况来看,完成的两个五年计划的主要环境保护目标及要求从指标数值上已经完成,可以证明中国生态环境的治理取得了阶段性成果,但环境形势依然严峻,环境状况总体恶化的趋势尚未得到根本遏制,环境矛盾凸显,压力继续加大。一些重点流域、海域水污染严重,部分区域和城市大气灰霾现象突出,许多地区主要污染物排放量超过环境容量。农村环境污染加剧,重金属、化学品、持久性有机污染物以及土壤、地下水等污染显现。部分地区生态损害严重,生态系统功

[①] 参见《国务院关于印发国家环境保护"十二五"规划的通知》,2011 年 12 月 20 日,见 http://www.gov.cn/zwgk/2011-12/20/content_2024895.htm。

能退化,生态环境比较脆弱。核与辐射安全风险增加。人民群众环境诉求不断提高,突发环境事件的数量居高不下,环境问题已成为威胁人体健康、公共安全和社会稳定的重要因素之一。生物多样性保护等全球性环境问题的压力不断加大。环境保护法制尚不完善,投入仍然不足,执法力量较为薄弱,监管能力相对滞后。同时,随着工业化和城镇化的快速推进,能源消费总量不断上升,污染物产生量将继续增加,经济增长的环境约束日趋强化。

目前,"十二五"期间力图解决的一些深层次环境问题没有取得突破性进展,改善水环境质量控制的状况没有根本转变,大气污染治理任务完成效果不理想,全国大面积的雾霾现象依然存在,环境成本内部化的开展与经济发展失衡的局面没有改变,环境成本内部化的激励体制不顺、投入不足的问题仍然突出,环境监管有法不依、执法不严、执行动力不足的现象仍然存在。毫无疑问,发达国家上百年工业化过程中分阶段出现的环境问题,在中国已经集中显现,控制生态环境恶化的任务依然艰巨。

二是环境激励政策法制化建设及执行机制仍需强化。目前党和国家把生态文明建设摆在国家发展的战略高度,绿色发展的理念在党的十八届五中全会上得到了明确的规定,绿色发展将是中国今后社会发展坚定不移的方向。因此,环境法治建设作为中国推进依法治国战略的重要体现,不仅要针对生态环境保护立法,还要推动各项生态环境的相关法律服务于绿色化的发展方向,将环境成本内部化的法治建设作为绿色化发展的突破口,注重发挥环境法治在生态环境治理和生态文明建设中的作用。

"十二五"以来,虽然环境保护的法制建设取得重要进展,修订了多部环境相关的法律,制定并实施一系列的相关环境治理的规范性文件。执行机制也迈入新的阶段,建立了环境行政执法同环境刑事执法的协同机制,执法手段调整为按日计罚。但环境激励政策法制化建设仍不够完善,主要体现在以下几方面:首先,环境法律体系尚不完备,存在着一些重要的立法空白,今后填补环境法律体系空白,建立完善的环境法律体系的任务仍相当艰巨。其次,环境激励政策法制化建设水平不高,现有的环境激励政策文件普遍存在原则性要求居多、实质性内容偏少、缺乏可操作性条款等问题,致使环境执法机关面对违法行为难以查处。再次,环境激励政策法制建设滞后,环境相关执行标准不能及时更新,极大削弱了环境激励政策作用。现实中,很多行业存在守法成本相对高,而违法成本相对较低的现象,造成一些企业运营虽然因环境违法受到了经济惩罚,但仍然可以获得大于环境政策激励的经济收益,环境守法企业丧失了原有的市场竞争优势,结果陷入环境保护的"劣币驱逐良币"困境。最后,环境损害社会保险的法律没有建立,环境激励政策体系效用的发挥需要有良好的社会保险环境,以保证重大环境事故的后续补偿有充足的经费来源;如果没有经费来源,其损失只能由国家负担或由受害群众分摊。

新的《环境保护法》实施以来,环境执法不严、违法不究的现象时有发生,说明以法治方式处理环境违法事件的执行能力明显不足。环境执法工作的瓶颈集中在市县级,由于中国环境执法需要,有99%的环境执法人员分布在市县级环境监察网络,这部分人员的切身利益均受制于地方政府,环境执法中难以克服地方保护主义,这也是执行机制中有待解决的重要问题。

三是环境保护压力巨大。目前,中国经济发展处于工业化快速发展阶段,面临着越来越大的环境压力。无论是今后国内进一步发展的主导产业,还是国际产业转移的产业,在未来一段时间内,仍然以机械、造船、汽车、化工、钢铁、电力、建材等行业为主,而这些产业均是高能耗、高污染产业,由此带来的环境压力显而易见。由此说明正处于发展时期的中国,其经济发展与资源紧缺、环境恶化的矛盾日益突出。①

---

① 参见李惠茹:《外商直接投资对中国生态环境的影响效应研究》,河北大学博士学位论文,2008年,第4页。

从国内来看,2014—2018 年全国的污染物排放总量(见表 0-1),在经济发展的推动下仍呈上升趋势,未达到排放峰值,出现拐点。其中工业危险废物排放量增长率明显高于经济增长率,说明工业生产对中国的生态环境产生的影响依然较大,环境资源循环利用以及生态环境保护压力巨大。

表 0-1　2014—2018 年全国污染物总量表

序号	指标名称	2014 年	2015 年	2016 年	2017 年	2018 年
1	废水排放量(亿吨)	716.2	735.3	761.9	777.4	795
2	工业废气排放量(万亿立方米(标态))	69.42	68.51	79.5	83.86	88
3	一般工业固体废物产生量(亿吨)	32.6	32.7	30.9	33.2	34.1
4	大中城市工业危险废物产生量(万吨)	2436.7	2801.8	3343.6	4010.1	4643.0

资料来源:根据《生态环境统计年报》《中国环境统计年鉴》数据整理。

从国际上来看,中国政府于 2015 年 6 月再次向联合国气候变化框架公约秘书处递交了官方文件——《强化应对气候变化行动——中国国家自主贡献》,文件中重申计划至 2030 年,碳排放强度比 2005 年下降 60%—65%,中国的这一承诺比哥本哈根气候大会(2009 年)上的承诺又提高了近 20 个百分点①,表明中国作为负责任的世界大国,在治理环境污染问题上的决心与力度。1985 年后,联合国以最综合和最权威的国际组织身份开展国际环境保护事务越来越多,并且针对全球的环境管理不断进行机制与机构改革,从联合国环境署 1972 年成立之后,又成立了联合国可持续发展委员会(1992 年)。近些年,为应对不断产生的环境问题,国际社会力量逐渐加强联合,越来越频繁地针对生态环境发展进行磋商,国际环境管理日渐机构化与法律化,反映了国际

_____

①　参见李永友、文云飞:《中国排污权交易政策有效性研究》,《经济学家》2016 年第 5 期。

社会对环境保护的态度与发展趋势,国际应对环境的做法对各国的环境管理战略和政策制定具有指导和影响作用。在国际环境的发展趋势制约下,针对生态环境的可持续发展联合国主持制定和提出了许多的国际公约,中国作为世界上负责的大国,1985年以来中国政府已经批准签署了一系列的国际环境协议(见表0-2)。

表0-2　1985年后中国签署的环境相关国际公约

编号	签署的国际公约	生效时间
1	防止倾倒废物和其他物质污染海洋的公约	1985年12月15日
2	核事故或辐射事故紧急情况援助公约	1987年10月11日
3	保护臭氧层维也纳公约	1989年12月10日
4	亚洲和太平洋水产养殖中心网协议	1990年1月11日
5	关于特别是作为水禽栖息地的国际重要湿地公约	1992年7月31日
6	关于消耗臭氧层物质的蒙特利尔议定书《伦敦修正案》	1992年8月10日
7	控制危险废物越境转移及处置的巴塞尔公约	1992年8月20日
8	生物多样性公约	1993年12月29日
9	联合国气候变化框架公约	1994年3月21日
10	核安全公约	1996年7月8日
11	联合国防治荒漠化公约	1997年5月9日
12	卡塔赫纳生物安全议定书	2003年9月11日
13	关于持久性有机污染物的斯德哥尔摩公约	2004年11月11日
14	京都议定书	2005年2月16日
15	鹿特丹公约(或PIC公约)	2005年6月20日
16	南极海洋生物资源养护公约	2006年9月19日
17	防止倾倒废物和其他物质污染海洋的公约1996年议定书	2007年2月10日
18	巴黎协定	2016年11月4日

　　此外,中国还与相关国家签署了一系列的双边环境协定,如同美国签署的《中美自然保护议定书》(2007 年)、同日本签署的《环境保护合作协定》(1994 年)、同蒙古签署的《关于保护自然环境的合作协定》(1990 年)、同印度签署的《环境合作协定》(1993 年)、同韩国签署的《环境合作协定》(1993 年)、同俄国签署的《环境保护合作协定》(1994 年)等。这些公约或议定书的谈判和实施将直接影响中国的社会经济利益,同时也是世界可持续绿色发展的要求。为了顺应国际应对环境的发展趋势,应尽早加强环境管理的激励理论研究及其政策制定和实施,这也是缓解国内生态环境恶化压力的现实需求。

　　从经济实质上来讲,环境资源具有公共产品的属性,但难以确定环境资源的产权归属,不能对其实施有效的保护,从目前世界范围看,还没有建立有效市场实现各种环境资源的等价交易,以制定出有效的规章制度对各国的公共环境资源实施管理。正是由于现今的市场不能有效覆盖生态环境资源进行资源配置,实践中的环境资源利用要么没有被定价,要么定价太低,这样的市场约束使资源的使用者不是通过合理地利用资源实现赢利,而是通过掠夺环境资源,将环境成本转嫁给社会承担实现获利。由此,产生了大量的外部环境成本,这些外部环境成本无人承担,导致环境成本的核算对象和承担者无明确的范围。目前,中国经济社会发展与节约资源、保护生态环境之间的矛盾越来越突出,已经严重制约中国的绿色发展进程。因此,需要通过建立生态环境资源激励约束机制,防止生态环境资源退化。如何建立激励约束机制,是中国理论研究者不得不面对的重大研究课题,环境成本内部化就是这一研究课题的首要内容。

　　因此,在国际的可持续发展大背景下,无论是从国际经济环境的变化,还是中国自身经济发展需求,都要求只有以同量的物质消耗,争取产生最大的经济效益为目标,才是适应以效率竞争为主导的市场竞争法则,使经济效益与社会效益相统一的根本所在。[①] 为了实现中国经济向可持续绿色发展的转变,应将环境成本纳入宏观经济政策分析及政府战略制定过程,构建环境成本内部化的政府激励政策体系,真正达到全方位、各层面适应资源节约与生态文明建设的要求。鉴于此,本书对环境成本内部化的政府激励政策进行深入研究,以探明环境成本内部化的影响因素及各相关方的环境利益诉求,为中国环境成本内部化的政府激励政策设计与实施提供理论依据和政策参考。

(二)研究意义

全球气候变暖、生态环境恶化、能源危机等问题越来越突出,各国采取了多种途径对该问题进行研究和解决。传统的经济增长理论将环境资源与能源作为生产要素引入经济增长模型中,单方面地强调环境资源与能源作为重要的动力因素推动经济的增长,忽略了环境资源与能源的稀缺性(自然资源与能源不可再生性将导致最终的枯竭)对经济增长的制约作用,最终导致这一理论不能全面解释现实经济状况。在认识到环境问题后,经济学家们纷纷从不同的角度,提出了一系列解决生态环境问题的政策手段,包括收费和征税、命令和控制、补贴、受益者付费、产权制度、法律、自愿协商等措施。由于研究角度和立场的不同,经济学家给出的解决对策存在着很大的差异。从国际社会的发展环境来看,世界各国今后几十年时间,必须控制和减少环境污染及温室气体的排放,以减缓气候变暖和生态环境恶化的趋势,协调推进工业发展向绿色化和生态化转变,达到经济和生态的和谐发展。十九大报告明确指出:加快建立绿色生产和消费的法律制度和政策导向,建立健全绿色低碳循环发展的经济体系。环境成本内部化政策是实现这一目标的重要工具,通过政策激励有助于构建政府为主导、企业为主体、社会组织和公众共同参与的环境治理体系。所以,从政府激励的角度研究

---

① 参见李惠茹:《外商直接投资对中国生态环境的影响效应研究》,河北大学博士学位论文,2008年,第4页。

环境成本内部化显得尤为必要。

当今中国的发展处于现代化进程中的关键期,对于发展经济仍有迫切的要求,然而为应对全球变暖,欧美国家对中国的碳排放提出了减排要求。虽然目前中国的经济增长对能源消费十分依赖,但作为负责任的大国,在签署国际环境协议时,仍作出了减排承诺,这必然会影响到中国经济的增长。基于此认识,本书研究的目的是在这一背景下,研究环境成本内部化的政府激励政策,探索"经济增长"与"环境保护"相容的均衡发展机制,对中国当前的生态文明建设具有较强的理论与现实意义。

(1)有利于多视角拓展研究。关于中国环境治理的现有研究,大多是运用规制经济学理论,研究如何运用政府行政手段提供各环节的环境公共服务与管理。然而,解决生态环境问题需要纠正经济外部性、提供环境资源保护以及减少环境污染的激励等各种工具的综合运用。随着中国社会主义市场经济体制的不断完善,市场经济条件下的政府激励手段,可有效解决环境的外部性问题,环境成本内部化的政府激励政策研究可提供需要的政策工具与理论依据。本书通过理论梳理,在对中国产生外部环境成本的影响因素进行计量研究的基础上,对环境成本内部化的影响因素进行分析,揭示政府激励与环境成本内部化建设的辩证关系。

(2)有利于丰富和拓展对污染控制的理论研究。学界关于环境成本内部化的研究,多从征收环境税、环境规划、企业环境成本计量及账务处理的层面分析,着重研究税收、环境规制、企业的社会责任等。以制度激励理论为基础,通过政府激励探讨环境成本内部化以实现绿色发展的研究成果还不多见。本书从经济学的研究视角,围绕整个社会宏观经济的绿色发展,考虑微观经济主体的经济利益,针对减少环境污染排放与环境污染治理两方面分析可行的环境成本内部化的政策手段,通过环境成本内部化政策手段实施主体的博弈分析,提出将外部环境成本内部化的政策体系建议,从而实现丰富和拓展污染控制的理论效果。

(3)通过设计环境成本内部化政策,试图推进建立以提高环境成本内部化程度为目的,以环境规制、环境协约等相关法规为基础的国际分工协作体系,即建立具有可持续发展性质的国际分工协作。[①] 环境成本内部化是为了维护公众的环境公共利益,能否很好地实现这个目标,与其面临的政府激励机制密切相关。希望通过本书研究能够对环境成本内部化的探讨拓展思路,尽可能为实现中国经济的绿色发展构建生态文明制度贡献力量,争取为环境成本内部化的政策制定者提供一定的理论支持,进而丰富绿色发展理论。

(4)为推进生态环境治理工作提供参考。中国经济的发展高度依赖资源与能源消耗,环境资源与能源的枯竭危机与生态环境的恶化问题引起了全国的普遍关注。保护与改善生态环境,实现经济的绿色化已经上升到了国家的战略高度。但是,在实现绿色经济发展过程中,往往更多的人对如何通过投入资金进行环境污染治理关注较多,好像投入足够多的环境污染治理资金就能够改善生态环境的质量,而忽略了环境质量改善另一制约因素,那就是环境政策的运行效率。单纯依赖加大环境污染治理的投入解决环境问题,从投入与产出上是不经济的;另外由于国家财政的制约不断增加环境治理投入显然很不现实。从环境政策的效率来看,现行环境政策很大程度上沿袭了计划经济体制治理环境污染的思维,这种思维治理环境可以在改善中国生态环境质量有较大的作用,如果有更高效率的环境政策与之配套,生态环境质量的改善效果将更加显著。另外,现行环境政策的低效率不适合中国经济体制改革的要求。时任国家总理温家宝强调,做好新形势下的环保工作,关键是要加快实现三个转变,其中之一就是:"从主要用行政办法

---

① 参见李惠茹:《外商直接投资对中国生态环境的影响效应研究》,河北大学博士学位论文,2008年,第7页。

保护环境转变为综合运用法律、经济、技术和必要的行政办法解决环境问题,自觉遵循经济规律和自然规律,提高环境保护工作水平。"①对新形势下环境污染规制提出的明确要求,特别是运用经济激励的办法解决环境问题,就包括了环境污染规制的激励理论与政策的相关内容。从这个意义上说,研究环境污染规制中的激励理论与政策,具有重要的现实价值。

　　总之,虽然中国的生态环境通过治理可以取得一定的区域效果,减缓了进一步恶化的趋势,但中国总体生态环境形势仍不乐观,离经济与生态环境的和谐发展的目标要求有很大的差距。造成这一状况的根源是,现行环境政策下企业生产过程中产生的环境成本可以通过经济的外溢性全部和部分转嫁给社会承担,造成了严重的生态环境恶化的问题。生态环境恶化是现阶段备受世界各国瞩目的全球性问题,由此与生态环境相关的国家利益问题已影响到国与国之间的政治经济关系的发展。因此,立足于中国转型发展阶段的现实,从政府激励的视角研究环境成本内部化,通过设计实施环境成本内部化政府激励政策解决环境污染问题十分必要。

二、国内外研究文献综述

　　现在中国正在加快推进生态文明建设步伐,而环境成本内部化则是建设生态文明的最重要目标和手段,如何全方位实现生态环境的保护,达到生态环境的可持续发展要求,应该是现阶段和今后一段时间内的环境政策取向。由于对生态环境评价标准的差异,形成了世界各国差异性的环境政策,加速了世界的产业转移及跨界环境污染,党的十八大提出了加强生态文明制度建设的构想,为生态环境保护工作指明了方向。因此,探讨环境成本内部化激励政策如何适应生态文明建设要

---

① 《全面落实科学发展观　加快建设环境友好型社会》,《人民日报》2006 年 4 月 24 日。

求,可以说是当前研究的主要热点问题。在现有关于环境成本内部化与政府激励政策相关的研究论述中,与本书研究内容相关的问题,可归纳为以下几方面。

（一）环境成本的概念探析

国内外学者在探讨环境成本时,由于研究领域与方向的不同,从自己的研究角度提出方向性较强的环境成本概念,现有研究成果对环境成本概念的界定都不够全面,在理论界出现了很多的环境成本概念的解释,分别用于不同领域的研究与实践,对环境成本界定难以形成公认的统一认识。① 20 世纪 70 年代,对环境成本内部化的研究越来越多,以 1971 年比姆斯（F. A. Beams）发表在《会计学月刊》（The Journal of Accountancy）上的论文《控制污染的社会成本转换研究》（Pollution Control Through Social Cost Conversion）为起点,1973 年马利尔（J. T. Marlin）又发表了论文《污染的会计问题》（Accounting for Pollution）,标志着会计研究开始向环境领域延伸,环境会计随之产生。② 随后,世界各国的机构及学者对环境成本展开深入研究。目前,国际上对国际会计和报告准则政府间专家工作组（Intergovernmental Working Group of Experts on International Standards of Accounting and Reporting, ISAR）对环境成本的定义使用的较多,ISAR 将环境成本定义为:"本着对环境负责的原则,为管理企业活动对环境造成的影响而被要求采取的措施所发生的成本,以及企业因执行环境目标和要求所付出的其他成本。"③该定义从微观层面阐释了企业进行环境成本核算的具体内容及列入环境成本的各项支出。近年来国外的学者研究环境成本概念的成果主要有:克里斯蒂娜·贾施（Christine Jasch, 2006）研究了环境成本的构成,认为包括所有由于活动破坏了生态环境产生的成本与进行生态环境保

---

① 参见赵莉、蔡岩兵:《企业环境成本初探》,《集团经济研究》2007 年第 7 期。
② 参见周守华、陶春华:《环境会计:理论综述与启示》,《会计研究》2012 年第 2 期。
③ ISAR: *Accounting and Financial Reporting for Environmental Costs and Liabilities*, 1998.

护发生的费用,可分为内部环境成本和外部环境成本①;帕夫洛斯 S.乔治莱克斯(Pavlos S.Georgilakis,2011)从企业环境成本产生的原因对概念进行了界定,认为由于预防环境污染产生或者对已产生的污染实施环境治理而发生的各项企业费用②;约瑟夫・贝雷奇曼等(Joseph Berechman 等,2012)根据生态环境破坏影响对象不同而将环境成本分为私人成本和社会成本两个层次,私人成本直接影响企业利润表中的净利润水平,社会成本则对整个社会的公共福利产生影响。③

在中国开展的环境成本研究过程中,理论研究者对环境成本的界定也有不同的解释。国内关于生态环境成本概念内容界定和补偿核算方法研究起步于 20 世纪 90 年代,仅会计界就有郭道扬(1997)、罗国民(1997)、陈毓圭(1998)、王立彦(1998)、朱学义(1999)、葛家澍(1999)等著名学者,但大都停留在理论层面。④ 进入 21 世纪,对环境成本概念界定的研究逐渐增多,乔世震(2001)对环境成本的计量进行了研究,认为环境成本属于责任成本,是由于企业的环境责任活动产生的,在环境成本计量上可以采用货币形式,也可以通过非货币方式进行计量。⑤ 徐玖平、蒋洪强(2003)从管理会计的角度对环境成本进行了分析,认为环境成本既包括财务会计已确认为企业成本中的内部环境成本,还包括由于企业进行生产活动对其他个人和经济组织造成的外部环境成本。⑥ 郑晓

---

① 参见 Christine Jasch,"Environmental Management Accounting(EMA)as the Next Step in Theevolution of Management Accounting",*Journal of Cleaner Production*,Vol. 14,No. 14,2006,pp.1190-1193。

② 参见 Pavlos S.Georgilakis,"Environmental Cost of Distribution Transformer Losses",*Applied Energy*,Vol.88,No.9,2011,pp.3146-3155。

③ 参见 Joseph Berechman,Po－Hsing Tseng,"Estimating the Environmental Costs of Port Related Emissions:Thecaseof Kaohsiung",*Transportation Research Part D:Transportand Environment*,Vol.17,No.1,2012,pp.35-38。

④ 参见袁广达:《中国工业行业生态环境成本补偿标准设计》,《会计研究》2014 年第 8 期。

⑤ 参见乔世震:《试论环境成本》,《广西会计》2001 年第 5 期。

⑥ 参见徐玫平等:《企业环境成本计量的投入产出模型及其实证分析》,《系统工程理论与实践》2003 年第 11 期。

青(2011)从成本性质的角度将环境成本界定为:环境污染预防与治理发生的各种费用及由此承担的各项损失。[①] 张泪红(2012)将环境成本根据企业活动解释为:由于生产经营活动对生态环境产生了负面影响,在环保约束下,企业制定措施实现环境目标所发生的成本。[②]

通过相关文献的梳理可以得出,基于不同的研究方向,理论研究者对环境成本的概念作出了不同的界定和解释,本书中研究的环境成本是指为解决商品从生产至最终处置的全生命周期过程中造成的生态环境损害和资源损失问题所发生的全部费用。

(二)环境成本内部化的研究

从学术渊源探究,内部化理论起源于科斯于 1937 年发表的《企业的性质》,科斯认为,企业采取何种组织形式是为了降低交易成本,其边界决定于外部的市场交易成本和内部的企业管理成本,在外部的市场交易成本高于内部的企业管理成本,企业可以替代市场进行内部资源配置。拉格曼(Rugman)与亨纳特(Hennart)提出了"将外部性内部化"的观点,在拉格曼看来市场的各种失灵都可以视为外部性;拉格曼认为,内部化就是把外部性加以内部化。[③] 外部性的内部化是指通过消除市场价格扭曲和外部不经济以提高社会效率。近年来,由于世界各国的环境政策催生了大量的外部环境成本,导致环境资源的市场失灵和产品市场价格与真正的价值不一致,致使世界范围内的生态环境急剧恶化,扭转这一局面最有效的途径是推进环境成本内部化,环境成本内部化可以实现经济发展的绿色化。20 世纪 60 年代开始世界各国对环境保护运动的关注越来越高,理论研究者拓展了社会责任的研究领域,首先将环境责任纳入社会责任的研究范畴,随后环境会计的研究

[①] 参见郑晓青:《低碳经济、企业环境成本控制:一个概念性分析框架》,《企业经济》2011 年第 6 期。

[②] 参见张泪红:《低碳经济下环境成本内部化途径探析》,《财会通讯》2012 年第 17 期。

[③] 参见王炜瀚:《内部化与多国企业理论的研究——构建以知识观为基础的多国企业理论框架》,对外经贸大学博士学位论文,2005 年,第 45 页。

范围延伸至环境成本内部化,至 20 世纪 70 年代中期,理论研究者强调企业应进行环境信息披露,提出了企业编制环境成本报告并予以披露的主张,即要求公司对其进行的活动产生的环境影响进行披露,标志着环境会计由理论研究阶段跨入实务阶段。

20 世纪 80 年代末,环境会计的理论框架基本成形,将宏观生态环境的管理同微观企业的生产经营、环境资源与能源的消耗、环境污染排放等环节的环境成本计量及其内部化纳入环境会计的研究范畴。虽然各国环境成本内部化的实践与理论研究中的关注点有所差异,但各国对于微观经济主体的生产经营活动必然伴随着开发利用自然资源和排放环境污染物,将导致自然环境的资源与能源储量的减少和生态环境质量的下降的认识具有一致性,因此应对资源价值成本及环境污染治理成本等环境成本予以确认、计量,并把环境成本纳入企业成本核算加以内部化。在理论界,对环境成本内部化的研究也有大量的成果。奥康纳(O' Connor, 1997)认为环境成本内部化就是要求环境污染行为主体对其行为产生的环境后果承担责任,支付全部环境成本,是污染者付费原则的体现。[①] 现实中的生态环境问题产生的根源在于传统情况下不能充分体现污染者付费原则,由此通过污染者付费消除外部环境成本,实现有效配置环境资源及环境的可持续发展。这就要求对污染者产生的外部环境成本进行确认、计量,由于环境成本的影响因素错综复杂,学者们提出的环境成本计量模型存在较大的差异。近年来的主要计量研究有,韦尔施·亨氏(Welsch Heinz, 2006)利用多元线性回归分析方法对欧洲十大城市的大气污染成本进行计量研究。认为居民幸福指数与拥有财富量正相关,与大气污染程度负相关,并利用大气污染的边际替代率(居民幸福指数对大气污染程度的一阶偏导数与幸福指数

---

① 　参见 O' Connor Martin,"The internalization of environmental costs:Implementing the Polluter Pays Principle in the European Union",*International Journal of Environment and Pollution*, Vol.7,No.4,1997,pp.450-482.

对拥有财富量的一阶偏导数的比值)实证研究了 2005 年巴黎大气环境成本。[1] 克里斯蒂娜·贾施(Jasch Christine,2006)基于环境成本评估框架探讨环境成本的计量模型,提出了企业的环境投入产出模型,将用于生态环境的各种投入费用以及环境信息输入模型,对企业的环境成本加以计量,并对环境成本进行控制。[2] 小泉泓(Kosugi Takanobu,2009)运用最优经济模型探讨环境成本计量模型,对世界的生态环境进行了系统研究,并对企业的环境成本进行了定量分析。[3] 马丁内斯(A.Martinez,2010)主要针对水污染的环境成本进行了研究,将水环境污染造成的环境成本支出划分为维持环境成本和降级环境成本,维持环境成本是企业进行末端环保治理的投入及产品生产所需环境费用,降级环境成本是政府环境机构对企业环境污染违法行为的罚款及征收的相关环境税费。[4]

进入 21 世纪,环境问题逐渐成为了全球关注的焦点,各国政府纷纷出台越来越严格的环境政策,推动实施环境成本内部化,研究学者对此进行了相关研究。伊姆勒·多博什(Imre Dobos,2001)认为,企业会根据政府出台的环境政策、污染物排放标准及环境污染违法行为的处罚力度,调整自身的环境排污量,以尽可能地减少外部环境成本。[5] 约翰斯顿等(Johnston,D.等,2005)通过研究英国的二氧化碳排放,认为政

---

[1] 参见 Welsch Heinz,"Environment and Happiness:Valuation of Air Pollution Using Life Satisfaction Data",*Ecological Economics*,Vol.58,No.4,2006,pp.801-803。

[2] 参见 Jasch C.,"Environmental Management Accounting(EMA)as the Next Step in the Evolution of Management Accounting",*Journal of Cleaner Production*,Vol.14,No.14,2006,pp.1190-1193。

[3] 参见 Kosugi T.et al.,"Internalization of Theexternal Costs of Global Environmental Damagein an Integrated Assessment Model",*Energy Policy*,Vol.37,No.7,2009,pp.2664-2678。

[4] 参见 Martinez A.et al.,"Environmental Costs of a River Watershed within the European Water Framework Directive:Results from Physical Hydroponics",*Energy*,Vol.35,No.2,2010,pp.1008-1016。

[5] Imre Dobos,"Production Strategies under Environmental Constraints:Continuous-time Model with Concave Costs",*International Journal of Production Economics*,Vol.71,No.1-3,2001,pp.323-330.

府可以通过帮助企业进行环境技术创新达到能源效率提高和清洁生产的要求,进而实现到 2050 年英国减少 60% 二氧化碳的排放量目标。[①]也有少数学者针对环境成本内部化的效益做了深入研究,布兰斯(B. Burans,2003)从企业的角度,将环境成本内部化的效益界定为企业减少环境污染后,可直接获得政府补贴(优惠)收益,投资者更愿意对其投资而获得间接收益,更多消费者购买其产品增加利润等带来的各种效益。[②] 米艾姆(Miemczyk,2008)通过对政府相关环境政策对企业产品最终回收能力影响的研究,认为当产品的回收制度限制性过强(或者是没有相关制度)时都不能实现企业和社会的双赢,企业只有在回收制度的限制性处于相对适宜时,企业才会对投入与回报加以衡量,配合回收制度实现社会需求。[③] 宏观环境效益上,梅塔·德威迪等(Puneet Dwivedi 等,2009)研究了印度的博帕尔市森林碳的储存量和碳汇的潜力,并评估了其生态环境效益,认为博帕尔市森林的碳储存量约为 19500 吨。赫尔南德斯·桑乔·弗朗西斯(Hernandez-Sancho Francesc 等,2010)研究了污水处理过程的环境效益,认为环境效益具有较强的经济外溢性,在环境信息不充分的情况下,可以利用影子价格实现环境效益的货币化计量。[④] 因此,政府在制定环境成本内部化政策时,对企业进行环境成本内部化项目投资相关政策进行综合考虑,不仅要针对企业的生产运营,对于企业参与公共生态环境的治理项目,也

① Johnston D.et al.,"An Exploration of the Technical Feasibility of Achieving CO_2 Emission Reductions in Excess of 60% within the UK Housing Stock by the Year 2050",*Energy Policy*,Vol.33,No.13,2005,pp.1643-1659.

② Buran B.et al.,"Environmental Benefits of Implementing Alternative Energy Technologies in Developing Countries",*Applied Energy*,Vol.76,No.1-3,2003,pp.89-100.

③ Miemczyk J.,"An Exploration of Institutional Constraints on Developing End-of-life Product Recovery Capabilities",*International Journal of Production Economics*,Vol.115,No.2,2008,pp.272-282.

④ 参见 Hernandez-Sancho F.,Molinos-Senante M.,Sala-Garrido R.,"Economic Valuation of Environmental Benefits from Wastewater Treatment Processes:An Empirical Approach for Spain",*Scienceofthe Total Environment*,Vol.408,No.4,2010,pp.953-957。

要有相应的激励手段,通过环境成本内部化的效益激励企业实施环境成本内部化,最终实现企业和社会的双赢。

　　中国学者对于环境成本内部化的研究大多从经济学的角度分析环境成本内部化的实现途径。对生态环境问题根源的认识比较统一,一致认为是由外部不经济导致的,这种外部不经济由于市场失灵无法依靠市场加以纠正,要求政府推动实施环境成本内部化以消除外部不经济的现象。近十几年的研究不断拓展,关于环境成本内部化的研究成果也较多。徐瑜青等(2002)以火力发电企业作为具体对象进行了研究,认为企业为了实现最大化的经济收益,在缺少外在激励或约束动力的条件下,企业不会主动进行环境投入以减少其产生的环境损害,需要政府制定环境成本内部化政策,激励企业在进行经营决策时考虑其对生态环境的影响。[1] 胡振华(2003)认为环境成本内部化促进资源的优化配置,能够纠正环境问题市场失灵的混乱局面,是解决环境问题的必由之路,而环境成本内在化计量是实施环境成本内在化操作的重要前提,根据成本及效用原理推导出环境成本计量模型及可行方法。[2] 宋小芬(2004)研究了企业的发展与其对环境成本进行内部化的关系,认为环境成本内部化的实施有助于增加竞争力,促进企业的可持续发展。[3] 王幼莉(2005)基于项目评价视角探讨环境成本内部化,通过研究分析认为企业应考虑环境成本内部化因素对项目的影响,并根据影响对项目可行性进行评价。[4] 曲如晓、张业茹(2006)认为环境成本内部化可以最终实现资源的有效配置,对于整合产业结构和优化国际贸易结构有积极的作用,从而制定并实施有效的环境成本内部化政策,实

---

[1] 参见徐瑜青等:《环境成本计算方法研究——以火力发电厂为例》,《会计研究》2002 年第 3 期。

[2] 参见胡振华:《关于环境成本内在化计量的问题》,《数量经济技术经济研究》2003 年第 10 期。

[3] 参见宋小芬:《环境成本内部化与企业的竞争力》,《经济与管理》2004 年第 7 期。

[4] 参见王幼莉:《技术经济评价中环境成本内在化模型》,《预测》2005 年第 6 期。

现经济发展的绿色化要求。① 迟诚(2010)对提高环境成本内部化程度的手段进行了探讨,认为主要有两种手段。一是直接的政府规制手段,通过制定内部化的相关法规及制度以限制企业的环境影响行为;二是间接的经济激励手段,通过税费征收及补贴激励消除外部的不经济。② 林冰(2011)实证研究了环境成本内部化与中国出口贸易关系,认为实行环境成本内部化可以促进国际贸易发展与生态环境要求的统一,可以有效解决跨界环境污染,实现国际贸易的绿色化。③ 安志蓉(2014)通过研究投资决策模型,认为环境外部成本内部化对企业的约束条件是可变的,政府的激励政策也应根据企业环境成本内部化的不同阶段予以调整,解决环境成本的外部性造成的产品价格扭曲和市场失灵问题。④ 环境成本内部化是全球经济绿色发展的趋势,不仅各国政府要加大环境管制和治理投入,而且企业也必须积极承担治理污染和保护环境的社会责任。

由此看来,环境成本内部化涉及环境经济学、公共财政学、会计学、管理学及环境科学等多学科的范畴。环境保护既不能完全由市场来解决,也不能完全由政府来完成,实施环境成本内部化也不是简单地让企业独自去承担所有的环境保护所带来的外部环境成本,需要建立包括企业、政府、公众等环境保护责任主体在内共同参与的环境成本内部化长效机制。由于利益相关者间形成了错综复杂的利益关系,对于环境管理来说,不同的利益相关者所持的利益诉求不同,对提高环境绩效所持的态度也有所不同,企业最终达到的环境成本内部化程度是各利益

---

① 参见曲如晓、张业茹:《协调贸易与环境的最佳途径——环境成本内部化》,《中国人口·资源与环境》2006 年第 4 期。
② 参见迟诚:《中国的环境成本内在化研究》,《经济纵横》2010 年第 5 期。
③ 参见林冰、刘方:《环境成本内在化与中国出口贸易关系的实证研究》,《山东理工大学学报(社会科学版)》2011 年第 1 期。
④ 参见安志蓉等:《可持续发展下企业环境成本内部化决策》,《江西社会科学》2014 年第 4 期。

相关者博弈的结果。

（三）环境成本内部化激励政策的研究

伴随世界经济的发展必然产生环境问题,对于环境问题的研究开始于外部性理论,消除了环境外部性就解决生态环境污染的核心问题。庇古(Pigou,1952)被公认是利用税收解决环境外部性的第一人,他认为对生态环境产生有利的经济外溢性行为应该给予补贴,对环境产生不利的经济外溢性行为应征收税费,这一观点突出了政府在解决环境问题中的作用,为解决环境问题建立了基本的财政框架。围绕解决环境外部性,科斯(Coase,1960)通过对社会成本问题的分析,认为应根据交易费用情况采取不同的方式解决环境问题,如果交易费用为零,可以通过政府建立协商机制予以解决;如果不为零,通过激励政策更为有效。克罗克(Crocker,1966)和戴尔斯(Dales,1968)提出了政府通过建立排污许可证可交易机制,将污染治理进行市场分配负担的思想,明确了"污染权"的概念。克罗克和戴尔斯分别运用科斯定理对大气污染和水污染进行研究,奠定了排污权交易的理论基础。随后有关环境成本内部化激励政策的研究逐渐增多,但大多研究只针对某一方面的激励政策。

税收激励政策可以说是国际上常用的环境成本内部化激励政策,在近年来关于税收激励政策的研究成果中,很多采用 CGE(Computable General Equilibrium)模型进行定量分析。维塞玛和德林克(Wissema 和 Dellink,2007)通过实证研究爱尔兰的环境税,认为对 CO_2 排放进行征税(15 欧元/吨),排放量可以降为 25.8%(以 1998 年排放总量为基期水平),具有显著的环境成本内部化效果。[①] 泰利等(Telli 等,2008)探讨了土耳其的环境税政策,认为开征环境税初期应建立配套措施降低生

---

① 参见 Wissema W.,Dellink R.,"AGE Analysis of the Impact of a Carbon Energy Tax on the Irish Economy",*Ecological Economics*,Vol.61,No.4,2007,pp.671-683。

产部门的其他税负水平,不然可能会产生就业问题。[1] 莫里(Mori,2012)以美国华盛顿州为研究对象探讨了碳税对区域经济的影响,认为对 CO_2 排放进行征税(30美元/吨),可以实现减排8.4%(以目标要求为基期水平)[2],可以看出碳税具有显著的环境成本内部化效果。在中国对于环境成本内部化的研究中,有关环境税对生态环境影响的研究也取得了一定的成果。近年来也有许多研究运用CGE模型进行定量分析,如刘晔、周志波(2011)通过探讨环境税效应,认为开征环境税对社会福利有显著的正向影响,但对生态环境的影响具有不确定性,环境成本内部化政策不能仅依赖于环境税,必须建立配套的正向激励政策。[3] 但大多数学者的研究关注开征环境税的经济效应,何建武和李善同(2009)采用CGE模型研究了模拟环境税政策效应,认为环境税的环境成本内部化政策效果较能源税显著,但会对宏观经济产生一定的负向影响;[4]陈诗一(2011)研究了环境税税率确定问题及不同税率的环境成本内部化效果;[5]李钢等(2012)采用CGE模型探讨环境管制强度的经济效应,认为中国工业生产污染排放按现行标准要求达标排放,会对GDP产生1个百分点的影响,减少1.8个百分点的工业就业,减少1.8个百分点的出口量。[6]

生态补偿激励政策是环境成本内部化激励政策的重要组成部分,

---

[1]　参见 Telli C., Voyvoda E., Yeldan E., "Economics of Environmental Policy in Turkey: A General Equilibrium Investigation of the Economic Evaluation of Sectoral Emission Reduction Policies for Climate Change", *Journal of Policy Modeling*, Vol.30, No.2, 2008, pp.321-340。

[2]　参见 Mori K., "Modeling the Impact of a Carbon Tax: A Trial Analysis for Washington State", *Energy Policy*, Vol.48, 2012, pp.627-639。

[3]　参见刘晔等:《完全信息条件下寡占产品市场中的环境税效应研究》,《中国工业经济》2011年第8期。

[4]　参见何建武等:《节能减排的环境税收政策影响分析》,《数量经济技术经济研究》2009年第1期。

[5]　参见陈诗一:《边际减排成本与中国环境税改革》,《中国社会科学》2011年第3期。

[6]　参见李钢、董敏杰、沈可挺:《强化环境管制政策对中国经济的影响——基于CGE模型的评估》,《中国工业经济》2012年第11期。

近年来,引发了国内外一些学者的集中关注,从补偿政策的制定与应用方面进行了许多的探讨。恩格尔(Engel)等通过研究环境服务补偿,认为在生态环境目标约束下,环境补偿往往针对满足要求的最低成本的环境服务供给者。环境补偿也包括环境服务以外的其他成本。[①] 克兰福德(Cranford)和莫拉托(Mourato)对补偿方法进行了研究,提出了针对补偿对象(居民及社区)的两阶段方法,利用这一补偿方法实施补偿,首先对补偿对象进行集体补偿,集体(社区或地区)由于激励会产生积极共同的行为态度;然后对补偿对象进行个体补偿,一般利用市场机制加以激励。[②] 近年来,针对生态补偿的标准展开的研究也吸引了研究者的目光,图伊范(Pham T.T.等,2009)通过对越南环境项目的研究,认为生态补偿的标准应该以提供生态服务产生机会成本为准绳,这样确定补偿标准才能具有最大效率。[③] 牛顿(Newton)等则认为确定的补偿标准应具有实践的可操作性,所以,补偿标准应根据地方经济发展水平制定,这样可以精确量化,克服以机会成本确定补偿标准的弊端。[④] 国内对与生态补偿激励政策的研究相对于国外来说较晚,但近年来由于国家对环境问题的重视,研究成果较为丰富,但针对某区域或流域的政策研究较多。孙新章等(2006)通过对中国生态补偿实践的研究,认为通过确定生态补偿的顺序、制定合理的生态补偿标准、引入

[①] 参见 Engel S., Pagiola S., Wunder S., "Designing Payments for Environmental Services in Theory and Practice: An Overview of the Issues", *Ecological Economics*, Vol.65, No.4, 2008, pp.663-674。

[②] 参见 Cranford M. Mourato S., "Community Conservation and a Two-stage Approach to Payments for Ecosystem Services", *Ecological Economics*, Vol.71, No.15, 2011, pp.89-98。

[③] 参见 Pham T. T., Campbell B. M. Carnett S., "Lessons for Pro-poor Payments for Environmental Services: An Analysis of Projects in Vietnam", *Asia Pacific Journal of Public Administration*, Vol.31, No.2, 2009, pp.117-133。

[④] 参见 Newton P, Nichols E.S, Endo W.Peres C.A., "Consequences of Actor Level Livelihood Heterogeneity for Additionality in a Tropical Forest Payment for Environmental Services Programme with an Undifferentiated Reward Structure", *Global Environmental Change*, Vol.22, No.1, 2012, pp.127-136。

第三方补偿监管与评估机构等完善中国生态补偿激励政策。[1] 邓敏等（2010）以城市饮用水源地为研究对象对生态补偿机制进行了研究，提出要完善生态补偿政策的建议。[2] 还有的学者对生态补偿机制实施效果评价进行了研究，如：孙思微（2011）对农业生态补偿政策的绩效进行的评估研究。[3]

　　排污权交易激励政策是政府激励与市场激励相结合环境成本内部化政策，国内外的研究也较多，也是市场经济国家环境成本内部化的政策趋势。拉丰和泰勒尔（Laffont 和 Tirole，1996）通过研究排污许可交易政策，认为排污权交易政策能够激励企业主动进行环保投入，并且随着排污权交易市场的价格上升，企业甚至对污染治理进行过度投入。[4] 卡尔松等（Carlson 等，2000）通过对 SO_2 控制的研究，认为排污权交易政策可以激励微观经济主体加大研发治理环境污染技术的力度，以减少污染排放及治理环境污染的费用。[5] 乔格（Jog，2014）认为排污权交易政策是在当今世界应对环境气候变化最为有效的环境成本内部化的手段。[6] 近年来，中国的学者对排污权交易问题的研究也较多，陈富良、郭兰平（2006）以排污权交易为例，运用制度分析框架，从环境空间主体利益、环境消费主体利益、制度结构与不完全合约等方面，分析了统一环境政策的制度因素，认为排污权交易之所以至今未能在全国形

---

① 参见孙新章等：《中国生态补偿的实践及其政策取向》，《资源科学》2006 年第 4 期。

② 参见邓敏、苏燕、马会琼：《城市饮用水源地生态补偿机制研究》，《山西农业大学学报（社会科学版）》2010 年第 4 期。

③ 参见孙思微：《基于 AHP 法的农业生态补偿政策绩效评估机制研究》，《经济视角》2011 年第 5 期。

④ 参见 Jean-Jacques Laffont，Tirole J.，"Pollution permits and environmental innovation"，*Journal of Public Economics*，Vol.62，No.1-2，1996，pp.127-140。

⑤ 参见 Carlson C.，et al.，"Sulfur Dioxide Control by Electric Utilities：What Are the Gains from Trade?"，*Journal of Political Economy*，Vol.108，No.6，2000，pp.1292-1326。

⑥ 参见 Jog C，Kosmopoulou G.，"Experimental Evidence on the Performance of Emission Trading Schemes in the Presence of an Active Secondary Market"，*Applied Economics*，Vol.46，No.5，2014，pp.527-538。

成统一的环境政策,是以利益为核心的一系列因素及合约的不完全性所促成的。胡晓舒(2011)对中国排污权交易试行中的问题进行了分析,提出了构建交易的制度建议。① 韩洪云、胡应得(2011)研究了企业参与排污权交易意愿,通过实证分析浙江省排污企业参与交易的影响因素,认为激励政策对于提高排污权交易的企业参与度有显著的效果。② 朱皓云、陈旭(2012)分析了中国的自 2002 年至 2011 年的排放权交易状况,认为应加大政府排污权交易专项资金的投入,通过细化激励的差别拉大企业边际环境治理成本差距,充分发挥排污权交易的环境成本内部化效果。③ 问文等(2015)以浙江省排污企业为研究对象运用多元 Logit 模型实证研究了企业环保投资,认为排污权交易政策促进企业选择主动型和应对型环保投资战略,但企业偏好于应对型战略;治污费用压力和企业规模也是促进企业采纳主动型和应对型环保投资战略的重要因素,但企业更偏好于主动型战略。④

可以看出,国内外已有的环境成本内部化激励政策相关研究成果从不同的角度和层面,对于实现生态环境的绿色发展进行了大量的研讨,为制定切实可行的环境成本内部化政策提出了具体建议。这些研究成果大都将环境经济政策主要区分为"科斯手段"和"庇古手段"两种,围绕环境的经济外溢性,按照市场经济要求,运用一系列的政策手段内化环境行为的外部性,其中激励政策手段具有效率高和成本低等优点,可以实现企业主动实施环境成本内部化,有利于降低政府的环境治理成本与行政监控成本,建议结合中国实际尽快运用并不断完善。

---

① 参见胡晓舒:《论中国排污权交易制度的构建》,《经济研究导刊》2011 年第 27 期。
② 参见韩洪云、胡应得:《浙江省企业排污权交易参与意愿的影响因素研究》,《中国环境科学》2011 年第 3 期。
③ 参见朱皓云、陈旭:《中国排污权交易企业参与现状与对策研究》,《中国软科学》2012 年第 6 期。
④ 参见问文等:《排污权交易政策与企业环保投资战略选择》,《浙江社会科学》2015 年第 11 期。

（四）研究文献评述

从已查阅的相关文献资料来看，目前在环境成本内部化研究领域已取得了较为丰富的成果。这些研究也涉及环境成本内部化的概念，环境成本的核算、计量、确认以及通过政府激励促进环境成本内部化，但这些方面的研究大多侧重于某个具体问题的研究，研究得不够深入、系统。且国内外已有的环境成本内部化相关研究成果大多是围绕环境的经济外溢性，按照市场经济要求，制定环境管理政策解决生态环境问题。综合国内外学术界对环境管理中政府激励的研究，可以发现国内对于激励理论在生态环境管理中的应用进行了拓展，这无疑会对中国的生态文明建设的实践起到一定的积极作用。从国内关于环境成本内部化已有成果看，从政府激励视角综合研究环境成本内部化的文献较少，拓展激励理论在环境成本内部化中的应用研究还有空间，环境成本内部化政策的实践中仍存在诸多问题亟须解决，对环境成本内部化的政策效应分析也不全面，没有从社会经济与生态环境的可持续发展方面综合考虑，尤其是缺乏定量分析。因此，本书对中国在新型工业化转型的进程中的环境成本内部化发展战略与思路、构建完善的环境成本内部化的政府激励政策体系进行深入探讨，对中国环境成本内部化的影响因素进行定量分析，着力探究政府政策如何激励环境成本内部化的主体推进环境成本内部化建设的传导机制和实现途径。

环境成本内部化就是一个具有自组织系统协同发展的复杂系统，因此，环境成本内部化的政府激励政策是一个综合性的系统工程。对环境成本内部化的政府激励政策的研究应随着社会实践需要不断深入，从中国目前提高生态文明水平的要求出发，政府对环境资源的调控既要适应全球经济发展及居民生活的要求，还要满足生态环境系统的可持续发展需求，更为重要的是还要考虑环境资源代际的分配公平。因此，依然有需要进一步研讨重大而现实的研究课题。

（1）环境成本内部化的理论与政府激励的研究大多都主要侧重于

某个具体问题的研究,不够深入、系统。

(2)如何理顺推进环境成本内部化过程中各实施相关方之间的利益关系和博弈过程在已有的研究成果中较少涉及,需进一步深入探讨。

(3)目前研究成果还未涉及在新型工业化转型发展过程中环境成本内部化发展战略与思路及环境成本内部化的政府激励政策完善的问题。

三、研究内容与逻辑关系

(一)研究对象

本书以环境成本内部化与政府激励政策为研究对象,从需求与供给的视角,揭示两者的相互作用;在明确相关理论的基础上,研究环境成本内部化影响因素,利益相关者间的博弈及政府激励政策下企业环境成本内部化策略选择;着力探究政府政策如何激励环境成本内部化的主体推进环境成本内部化建设的传导机制和实现途径。

(二)研究思路

本书将基础研究和应用研究有机结合起来,从理论和实践两方面构建基本的研究思路。(1)定位于基础研究。重点研究环境成本内部化与政府激励政策的基础理论,包括环境成本内部化与政府激励的理论阐述、环境成本内部化与政府激励目标的兼容与统一的阐述、政府激励推动环境成本内部化的传导机制研究等。在计量分析中国外部环境成本影响因素的基础上,研究环境成本内部化的影响因素,揭示政府激励与环境成本内部化建设的辩证关系,着重研究政府激励推动环境成本内部化建设的利益相关方的博弈。(2)定位于应用研究。重点研究政府激励推动环境成本内部化建设的作用,包含政府激励推动环境成本内部化建设的微观与宏观途径与方式等内容,借鉴欧盟环境成本内部化的政府激励政策的经验,对中国环境成本内部化的政府激励政策提出完善建议。其研究技术路线如图0-1所示。

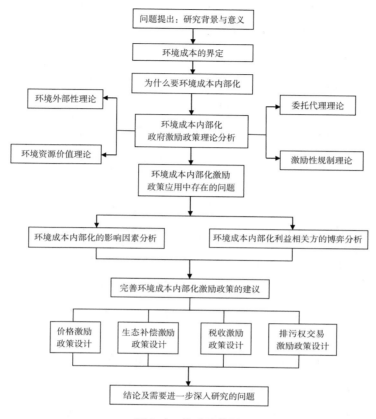

图 0-1　技术路线图

(三) 研究内容

依据研究技术路线,本书设计主要有六章内容分为四个部分。

第一部分是写作背景和理论拓展部分,包括导言和第一章。导言主要介绍本书的写作背景、研究思路以及文献综述,论证选题的理论及现实意义,研究内容及方法。第一章解析环境成本内部化理论和政府激励理论,厘清政府激励政策与环境成本内部化的关系,分析企业对政府激励的反应及环境成本内部化效果。

第二部分是梳理政策实践和问题分析部分,内容设计包括第二章、第三章和第四章。第二章主要梳理中国的环境成本内部化激励政策的实施与发展,探究中国环境成本内部化激励政策应用中存在的问题。第三章实证分析中国产生外部环境成本的影响变量,以寻找环境成本内部化的影响因素。第四章环境成本内部化的政府激励政策相关方博弈分析,对国家与国家的博弈、企业与政府的博弈、地方政府与中央政府的博弈及企业与中央政府和地方政府的三方博弈进行了深入的研究,建立利益相关者的动态博弈模型、研究政府激励政策下企业环境成本内部化策略选择,以完善中国环境成本内部化的政府激励政策。

第三部分是环境成本内部化的政府激励政策设计,包括第五章和第六章。第五章通过分析欧盟环境成本内部化的实践及激励政策创新经验,寻求解决中国的环境成本内部化问题的可借鉴经验。第六章着重探讨中国环境成本内部化的政府激励政策的完善建议,围绕中国生态文明建设实现绿色发展的要求,在前面各章的基础上,从制度、手段和措施综合的视角设计适合中国生态环境现实的环境成本内部化激励政策。

第四部分是本书的主要结论与研究展望,对全文的研究成果进行总结,指出今后需要进一步深入研究问题。

本书着重探讨环境成本内部化中的激励理论与政策,以"环境成本内部化的激励政策实施中存在的问题—环境成本内部化的影响因素—环境成本内部化利益相关者间的博弈—政府激励政策下企业环境成本内部化策略选择—中国环境成本内部化的激励机制和政策的设计"为主线进行分析和解决问题,将"逻辑和体系""理论和政策"作为切入点展开探讨,相互贯通,共同构成了本书的框架结构。

四、数据来源与研究方法

1. 数据来源

通过梳理国内外现有的相关研究成果及综合述评,发现在中国生态文明建设的进程中,环境成本内部化程度距离目标要求存在很大的差距,需要加以拓展研究。由于目前研究的局限性,对于环境成本内部化的政府激励政策研究空间较大,亟须尽快加以完善,这也是本书研究的出发点。

鉴于外部环境成本的产生主要源于污水、废气、噪声及固废的排放四个方面,从中国目前的环境管理来看,噪声污染对生态环境的破坏程度来说,产生外部环境成本最小,也最容易内部化的;城市和工业聚集区产生的污水基本上实现了管网收集,排入污水处理厂,可以通过末端治理内部化环境成本,对生态环境造成的影响较小;固废便于收集,也基本上可以通过回收再利用及末端治理内部化环境成本。以上三方面产生的对生态环境相对容易控制,其产生的外部环境成本基本上都可以内部化。对于废气的排放来说,对生态环境的影响最大,产生的环境成本也难以计量,省际之间大气污染的相互影响对中国环境成本内部化的整体效果产生消极作用,在废气污染中碳排放产生的环境成本占了绝大比重,所产生环境成本难以计量,因此,本书中的环境成本用环境污染治理投资总额表示。数据来源于以下两个方面。

(1)统计年鉴、发展规划和年度报告数据。主要包括《中国统计年鉴》(1990—2018)、《"十二五"国家战略性新兴产业发展规划》、《可再生能源发展"十一五"规划》、《可再生能源发展"十二五"规划》、《生态环境统计年报》、《中国环境统计年鉴》。

(2)实地调查数据。对河北、黑龙江、内蒙古、山东、安徽、江苏、河南等省(自治区)的发电项目排污及环境成本内部化情况进行调研,通过访谈和座谈,调查环境成本内部化的发展状况,分析当前环境成本内部化的发展趋势及存在问题。

2. 研究方法

本书的研究内容涉及环境经济学、会计学、财政学制度经济学、信息与激励经济学、博弈论等多学科的内容。具体地说,本书主要采用了以下几种研究方法。

（1）对现有研究成果的梳理与总结，以及基础理论研究运用了归纳和演绎法。

（2）定量分析。针对中国产生外部环境成本的影响要素，构建扩展的 STIRPAT 计量模型，定量分析产生外部环境成本的影响因素。

（3）运用博弈分析方法。对中国环境成本内部化的利益相关者进行博弈分析，探究政府激励政策下企业环境成本内部化策略选择，据此提出政府激励政策建议。

（4）还原论和整体论相结合的分析方法。本书在分析环境成本内部化问题过程中，从微观经济主体和局部机制入手，运用还原论深入分析微观经济主体环境成本内部化的影响因素、动力机制；在政府宏观方面运用整体论强调了政府激励政策导向，探讨环境成本内部化和政府激励政策的相互促进与作用关系。

第一章　环境成本内部化的政府激励政策经济理论分析

本章从环境成本内部化的概念界定开始进行理论解析,一方面对环境外部性理论和环境资源价值理论进行解析,探讨进行环境成本内部化的理论原因;另一方面对委托代理理论和激励性规制理论进行解析,探究激励政策对环境成本内部化的作用机理及环境成本内部化激励政策下的企业决策行为。由于环境成本的经济特殊性,市场机制对其进行调节时,会出现市场失灵,因此,必须通过政府介入,改变参与者环境成本投入与收益的对比关系,以此来促使企业积极开展环境成本内部化工作。

第一节　环境成本内部化的政府激励政策相关概念

一、环境成本内部化的概念

随着对生态环境及资源消耗补偿认识的深化,人们意识到为实现人类社会的可持续发展,开展社会经济活动应充分考虑自然生态环境中各种资源、能源的耗费,于是提出了"环境成本"的概念。目前对于"环境成本"的定义还没有统一界定,为便于分析理解,本书将环境成本定义为:为解决商品从生产至最终处置的全生命周期过程中造成的生态环境损害和资源损失问题所发生的全部费用。鉴于此,依据环境成本的产生与负担状况,对于某一经济主体活动所涉及的全部环境成本,可以划分为"内部环境成本"和"外部环境成本"两部分。

"内部环境成本"是经济主体活动产生并实际承担的相关环境成本。主要由直接成本、间接成本和或有成本组成,可以在会计损益中加以体现,这些通常包括生态补偿、末端治理成本和其他的环境管理成本,可以使用公司标准成本计量模式进行核算和分配。"外部环境成本"是由经济主体活动产生的,由于外部不经济性所导致的未由经济主体本身承担的环境成本,这部分环境成本要由社会来负担和消化。

环境成本的产生可以体现在人类活动的各个方面,对环境成本内部化的构成可以从人类的活动与要求两个方面来考虑。环境成本的产生源于企业生产经营或者消费者消费活动,表现为环境攫取自然资源与能源,同时产生污染物排放。随着攫取活动和污染物排放的不断进行,环境面临超负荷压力,其表现为资源与能源的存量逐渐减少,生态环境消纳的能力相对降低,结果直接导致生态环境恶化,环境成本攀升。

从经济学的角度评判,由于环境资源与能源的稀缺性,要求对其使用需要支付成本,另外生态环境损害的修复会产生费用,这些支付成本与修复费用构成了环境成本。环境成本本应由受益者承担,否则成本收益不对等,影响环境资源与能源最优配置,进而影响整个社会的可持续绿色发展。因此,从体现生态资源稀缺性的角度,政府可以通过制定和实施环境政策,利用政府的强制力或经济激励机制,使微观经济主体将其产生的外部环境成本纳入其生产或消费决策,实现环境成本内部化。

环境成本内部化是指企业通过增加环保投入,降低乃至消除企业产品生产、消费和回收处理环节对环境所产生的污染、破坏和资源流失,即通过由企业承担环境成本,最终全部消解原来由社会公众承担的环境成本,从而降低或消除污染、保护可持续发展的生态环境。一旦全部环境成本计入产品成本,市场交易价格可以反映凝结到产品中的全部成本,实现了环境成本内部化的目标要求。从经济学的成本理论角度,外部环境成本内部化的主要内容如表1-1所示。

表1-1　环境成本内部化的主要内容

内部化类别	环境成本内部化的主要内容	环境效果
直接内部化	1. 企业生产过程控制和减少环境污染排放; 2. 减少温室气体排放及对环境的臭氧层破坏活动; 3. 环境污染治理设施投入。	降低了污染物治理社会成本
	1. 产品交付后企业对包装和废弃物回收处置; 2. 生产经营过程中其他资源循环利用。	提高了环境资源利用率
	1. 企业产品采用绿色包装; 2. 生产绿色材料和环保产品、清洁能源。	实现经济绿色化
间接内部化	1. 企业研发环保产品; 2. 企业组织环保活动; 3. 对职工的环境保护教育培训。	减少社会环境管理成本
	1. 企业配合社会地域的环保支援成本; 2. 企业周边的绿化投入; 3. 赞助社会环保活动。	承担生态环境保护的社会

二、政府激励的内涵

在组织行为学中,激励指的是激发人的动机,使人有一股内在的动力,朝着组织期望的目标前进的心理活动过程。斯蒂芬教授认为:"激励是通过高水平的努力实现组织目标的意愿,而这种努力以能够满足个体的某些需要为前提条件。"[①]从具体意义上说,激励是通过有效的刺激来引发内在动机,影响人们的内在需求,从而加强、引导和维持行为的活动或过程。

政府激励是指为了对整个社会微观主体的积极性加以调动,政府

---

① ［美］斯蒂芬·P.罗宾斯:《组织行为学》,孙建敏等译,中国人民大学出版社2000年版,第166页。

居于宏观角度利用公共权力,通过采取一系列的激励手段和行为,引导微观经济主体的行为正向实施,达到微观经济主体的行为目标与宏观社会的发展总目标协调统一的目的,促进宏观社会健康发展。在中国分级政府管理系统中,发挥政府管理职能的有中央政府和地方政府,这就决定了中国的政府激励应该在中央集权与对地方进行适当的分权之间交易权衡,中央和地方的政府事权关系,制约着不同层级的政府采用激励手段与行为发挥相应的调控作用。由此说来,中央政府和地方各级政府及代表其行使职能的相关的部门都是政府激励的主体,激励主体的激励对象为政府激励客体。

从激励的性质划分,激励可分为正激励和负激励。正激励是指当一个人的行为表现符合社会需要和组织目标时,通过表彰和奖励来保持和巩固这种行为,更加充分地调动成员的积极性。负激励是指当一个人的行为不符合社会需要或组织目标时,通过批评和惩罚来抑制这种行为并使其不再发生,同时引导组织成员的积极性向正确的方向转移。正激励和负激励都是对人的行为进行强化,所不同的是取向相反。正激励起正强化的作用,是对行为的肯定;负激励起负强化的作用,是对行为的否定或约束。

因此,政府如果想要有效地激励企业或消费者,要根据实际情况的需要结合使用激励理论,通过奖惩来调节微观经济主体的行为,受到正强化的行为将形成风气,受到负强化的行为将逐渐消失。但是强化理论没有考虑引发行为的内在因素,忽视了人的主观能动性,政府激励运用规制对微观经济主体的行为加以约束。政府激励手段包括政治与思想教育激励、经济激励手段、管理手段和法律激励手段等。

三、环境成本内部化的政府激励政策的概念界定

世界主要激励政策可采用多种方式进行划分。基于激励的性质,本书采用以企业或消费者所承担的义务的标准将激励政策划分为三

类:管理性政策、激励驱动性政策和激励约束性政策。管理性政策指某区域或范围为实现既定的发展目标,制定一系列的制度、流程和标准等,以防止发展偏离目标方向,如政府部门制定的条例和技术规范等指令性的规定。激励驱动性政策为了达到既定目标下限,对正向影响的行为给予经济奖励的措施,如财政补贴、科研奖励、绩效奖励等。激励约束性政策是对实现既定目标产生负向影响的行为给予经济惩罚的手段,如行政规费、违规罚款、专项税费等。激励驱动性政策带有自愿性,主要通过经济利益驱动改变微观主体的选择,从而达到影响微观主体行为与目标方向的目的,实现宏观群体的行为一致性。

环境成本内部化的政府激励政策是政府通过税收、补贴和规制手段迫使企业实现外部环境成本的内部化,校正环境外部经济问题,从而实现节约资源、保护生态环境目标的一系列政策。依据本书激励政策的划分,环境成本内部化的政府激励政策包括依据相关的环境法律法规、强制管理的规制政策(管理性激励政策)、把环境的污染成本或资源的浪费成本税收化的约束激励政策(负激励性经济政策)和利用税收补偿企业减少环境损害的补贴优惠激励政策(正激励性经济政策)。由于政府激励政策的实施,企业的决策就需要考虑税收负担,从成本—收益的角度进行环境行为选择,实现外部环境成本的内部化。环境成本内部化的政府激励政策的实施有助于调动污染者减少排污和创新环保技术的积极性,增加微观经济主体减少污染的灵活性,因而环境成本内部化的政府激励政策在发达国家普遍受到重视并被广泛应用。

第二节 环境成本内部化的理论基础

研究环境成本内部化的主要目的在于从生态环境破坏的根源,探究环境行为主体间经济利益冲突,寻求经济社会与生态环境的可持续发展机制。从经济学的研究角度看,生态环境破坏的根源在于经济活动产生的环境成本具有外部性,要想实现环境成本内部化可以运用税收和界定产权的方式,使凝结到产品中的全部成本通过市场交易价格得到反映,这样企业承担了全部环境成本,市场就可以发挥有效配置环境资源的作用,从而实现经济发展与生态环境目标和谐统一。所以研究环境成本内部化需要以环境外部性理论和环境资源价值理论作为理论基础。

一、环境外部性理论

(一)外部性的提出

根据英国经济学家马歇尔(1900)的经济学说,把经济中生产规模的扩大分为:有赖于该产业的发达及微观经济主体协作所造成的经济(外部经济)和有赖于某微观经济主体自身资源内在调配交易提高效率的经济(内部经济),马歇尔所说的外部经济就是外部性。福利经济学的创始人庇古对外部性理论进行较为系统深入的研究,在《福利经济学》一书中将外部性解释为:没有交易的情况下,某行为人实施某种行为会为其他行为人提供相应的行为选择,结果是某行为人给其他行为人带来损失或利益的情形。萨缪尔森和诺德豪斯在《经济学》著作中对外部性也作出了解释:某些生产活动(消费活动)给他人造成支付成本或产生收益的状况。此外,还有许多的国外研究学者对外部性进行了不同视角的阐释与论述,并对其进行了深入探讨。在此基础上,中国经济学界衍生出词语表达对外部性这一概念的理解。中外对外部性的内涵可以统一解释为:外部性是由于微观主体的经济活动的对其他微观主体造成损失或收益的状态,这一状态没有通过市场交易或价格反映到微观经济主体的收入或成本上。

(二)外部性的数学解释

从对外部性的表述来看,在微观经济主体的活动中,其成本与社会成本不一致。布坎南(Buchanan)和斯塔布尔宾(Stubblebine)认为,可以通过数学语言解释外部性:通过对微观经济主体建立生产函数或效用函数,函数中的某些变量会受其他微观经济主体的制约。

从布坎南外部性的数学解释看,假如在微观经济主体 A 的效用函数中的变量包含另外的微观经济主体影响的因素,则可以用数学公式(1-1)表达外部性。

$$U_A = U_A(X_1, X_2, \ldots, X_n, U_B) \qquad (1-1)①$$

公式(1-1)中,$X_1, X_2, \cdots, X_n$ 表示微观经济主体 A 的消费量,U_B 表示其他消费者的效用。从公式(1-1)可以看出,微观经济主体 A 的效用函数包含的自变量受其他微观经济主体 B 控制,B 的活动产生的影响,在负外部性情况下没有对 A 进行补偿,正外部性情况下也不对 A 索取报酬。

假如在微观经济主体 A 的生产函数中的变量包含另外的微观经济主体影响的因素,则可以用数学公式 1-2 表达外部性。

$$F_A = F_A(X_1, X_2, \ldots, X_n, F_B) \qquad (1-2)$$

公式(1-2)中,$X_1, X_2, \cdots, X_n$ 表示微观经济主体 A 投入的要素,而 F_B 表示其他厂商的产量。从公式(1-2)可以看出,微观经济主体 A 的生产函数包含的自变量受其他微观经济主体 B 控制,B 的活动产生的影响,在负外部性情况下没有对 A 进行补偿,正外部性情况下也不对 A 索取报酬。

基于上述外部性模型公式(1-1)和(1-2)的数学描述,经济主体 A 承担的成本受控于 B 外部性影响:假如经济主体 B 的活动增加了经济主体 A 的成本,即为 B 对 A 的影响是负外部性;假如经济主体 B 的活动减少了 A 的成本,即为 B 对 A 的影响是正外部性。因此,B 对 A 产生的外部性可用微积分 $\dfrac{dU_A}{dU_B}$ 表示,若小于 0 为负外部性,若大于 0 为正

---

① 参见 Buchanan James, Tullock Gordon, *The Calculus of Consent*, University of Michigan Press, 1962, pp.117-123。

外部性。

以上数学语言解释的外部性包含三个信息:(1)微观经济主体之间外部性影响是非市场交易机制的经济利益关系,没有以市场交易的方式通过市场价格发挥作用。(2)外部性有正负之分。负外部性影响的情况下,微观经济主体活动产生的私人成本小于社会成本,即活动对其外部产生效用损失、成本上升或产量减少。外部性正向影响时,微观经济主体活动会对其外部增加效用。(3)外部性影响在社会生产与消费各个环节都会产生,并且外部性影响的经济主体是多元的。

(三)环境成本外部性的经济学分析

目前环境污染对经济的可持续发展造成了严重威胁,其原因是多方面的,从经济学角度可以认为,是由于市场失灵出现成本和收益不对等、稀缺的资源与市场价格脱节或背离、权利和义务不一致等问题所导致的,这些问题产生的真正根源在于环境成本的负外部性。下面通过图1-1,来简单描述企业环境成本的负外部性对环境污染的影响。

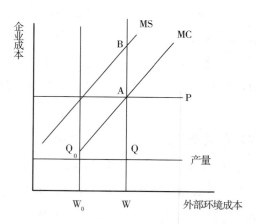

图1-1 环境成本负外部性的经济影响图

图1-1中,P表示完全竞争的市场条件下企业产品的价格,MC表示企业生产承担的边际成本,MS表示企业生产的边际环境成本,二者差额就是边际外部环境成本。图1-1反映的是企业在没有考虑环境

成本负外部性的情况下对环境造成的损失,此时的企业支付的边际成本相对于边际环境成本要小。在企业追求利润最大化的情况下,企业产量为 Q 单位产品,边际成本 MC 等于产品价格 P,产生环境成本达到 W 水平。从社会角度看,企业生产 Q_0 单位产品,在 Q_0 产量下产生的环境成本 W_0 可被环境系统自行消解(未产生环境外部成本),Q_0 为社会最佳产出量。显然,如果企业生产不考虑环境成本负外部性的影响,其产量会超出社会最优生产水平,生产 Q 单位产品,造成了过多的环境负担,加重了整个社会生态环境的负荷,就会产生外部环境成本 $W-W_0$。基于上述环境成本负外部性的经济学分析,可以看出:由于环境成本的负外部性,企业可以把环境成本负担转嫁给社会,从而获得超额收益,致使社会产出无效率。

在生产经营过程中,由于政府规制、外部环境的压力或自身利益、社会形象的考虑,企业也会实施与环境治理相关的一些行为,投入达到一定的水平会产生环境成本的正外部性,如图 1-2 所示。

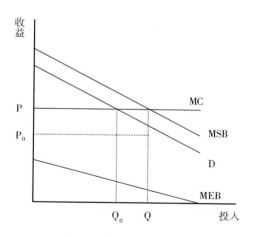

图 1-2　环境成本内部化正外部性分析图

图 1-2 中,横轴表示用于环境成本内部化的企业投入,纵轴表示环境成本内部化带来的收益,D 表示企业边际收益曲线衡量环境成本内部化对企业边际私人收益的影响,MSB 表示边际社会收益,MEB 表

示外在边际收益。当外部性正向影响时,曲线 MSB 在曲线 D 上方,边际社会收益大于边际收益,二者的差额即为边际外在收益。环境成本内部化投入较小的时候边际收益大,随着环境成本内部化投入的加大,边际收益会有所下降,因此边际外在收益曲线 MEB 是向下倾斜的。企业在政府规制、外部环境的压力下或出于自身利益、社会形象的考虑下,环境成本内部化投入由 D(边际收益曲线)和 MC(边际成本曲线)的交点决定,企业投入达到 Q_0 水平,如果投入大于 Q_0 会产生环境成本的正外部性。对于社会生态环境,最佳环境成本内部化水平应该是由 MSB(边际社会收益曲线)和 MC(边际成本曲线)的交点决定,投入应达到 Q 水平,但企业不会得到其进行环境成本内部化投入的所有收益,也可以说出现了产出无效率。

通过分析来看,环境成本的负外部性导致社会产出无效率,正的外部性难以达到有效的最佳投入水平,说明环境成本的外部性导致了市场失灵。因此,如何实现环境成本内部化,纠正环境成本的负外部性导致的市场失灵是解决环境问题的基本思路。

1920 年,庇古在《福利经济学》中提出了通过国家税收方法实现环境成本内部化的思路。庇古认为对产生外部环境成本的企业进行征税(这种税也被称为"庇古税"),可迫使企业增加环境成本内部化投入,实现私人成本和社会成本的一致性,纠正环境成本的负外部性,实现环境资源最优配置。如图 1-1,如果对企业征税水平达到 AB,利润最大化原则,企业产量会调整为社会最优生产的水平 Q_0,环境成本控制在被环境系统自行消解的 W_0 水平,这样就能解决环境问题。但是,这种征税达到的社会最优生产的水平 Q_0,相当于政府规制下企业增加投入的效果,按图 1-2 的分析,也会出现产出无效率,也就是说环境问题不能真正解决。然而,庇古主张为通过政府主导的经济机制使外部成本内部化来解决环境资源配置上的市场失灵问题提供了理论依据。

（四）环境外部性理论的启示

在人类生产与消费过程中环境资源被大量消耗,不仅造成环境资源耗竭危险,而且由于污染物的大量排放,对生态环境产生了不同程度的损害,相应地产生环境成本。现阶段这些环境成本通常没有完全计入企业成本,环境成本具有很强的经济外部性,环境法规对污染企业的惩罚和环境治理成本不匹配,致使环境损害程度越来越严重。

通过环境成本外部性理论的经济学分析,可以得出环境成本外部性会造成环境资源市场失灵,结果是环境资源配置无效率。因此,消除环境成本的外部性,就要将外部环境成本内部化及外部环境收益内部化。就企业来说,生产过程对环境造成破坏,产生了环境外部成本,通过征税方式,将环境成本内部化。如果企业进行了相应的环境治理活动承担了全部环境成本,相关方"搭便车"收获了外部收益,但没有为此支付相应的成本。由此说来,如果政府不加以干预出台相关的激励政策,由于企业实施环境成本内部化建设的成本得不到应有的收益,企业的反应会停留在边际个人成本与边际个人收益相等的环境成本内部化水平,即两条曲线的相交处,这将降低环境成本内部化水平。因此,需要制定一套完备的环境成本效益评价方法和激励政策,消除环境成本的外部性,实现人类生态环境的可持续发展。

二、环境资源价值理论

环境污染对经济的可持续发展造成了严重威胁,其产生的外部效应成为困扰环境与社会协调发展的难题。经济研究者从不同的立场提出了解决这一问题的建议,其中产权制度、法律、自愿协商的构想就是基于环境资源理论研究的结论。目前,生态环境资源的价值已经被社会认知接受,环境资源价值理论日趋成熟,为合理解决资源环境开发利用过程中的外部环境成本问题,提供了理论依据。

（一）环境资源价值的内涵

早期的西方经济学家对环境资源价值的认识局限于能够作为生产要素参与生产的有形自然资源。1987年，世界环境与发展委员会（WECD）编写的报告《我们共同的未来》中，首次提出了"可持续发展"的概念，经济学家对环境资源价值研究方向开始转移，转向了无形生态价值研究。美国经济学家约翰·克鲁蒂拉（John Krutilla）提出了舒适型环境资源价值理论。他认为舒适型环境资源特点是不可逆性、不可再生性以及唯一性，应该重新认识该类资源价值的构成。皮尔斯对克鲁梯拉的舒适型环境资源价值进行了拓展研究，认为环境资源价值应包括从环境资源中获取的生态服务功能，这是一种无形生态价值。

对于环境资源价值理解还有一种从劳动价值理论角度的解释，可以认为环境资源价值是通过货币的形式计量环境效益。微观经济主体在社会经济活动中由生态环境产生的各种效益都属于环境资源价值，可以通过货币的形式加以衡量，因此，这种观点实质上评价的不是价值，而是环境资源的使用价值。

国内学者对环境资源价值也进行了深入研究，普遍认为环境资源价值应该价值化、资本化。中国矿业大学朱学义教授从矿产资源探讨环境资源价值，认为资源价值主要包括现实社会价值、潜在社会价值、现实社会价值几个方面。这几方面的价值随着环境资源开发利用不同阶段得以体现，国家作为环境资源的所有者需要将不同阶段的环境资源价值加以合理计量，对不同阶段的环境资源价值给予补偿，以保障顺利进行环境资源的再生产。在现有的技术水平下，环境资源的开发利用，都会导致环境资源的损耗和生态环境不同程度的破坏。伴随着环境资源的开发利用必然会带来的环境污染、生态破坏等生态环境问题，在经济、社会、资源和环境的可持续发展的要求下，需要进行环境治理及生态恢复，因此，对资源所有者是一种巨大的经济损失。从理论上讲，环境成本内部化，即将环境治理及生态恢复投入的劳动力、技术和费用列入环境资源价值中予以补偿。

（二）环境资源价值理论的经济学解析

从环境资源价值来看,环境成本内部化的首要任务就是安排环境资源的产权,通过对环境资源的所有权、使用权、转让权和收益权的安排体现环境资源的稀缺性。科斯认为,只要产权初始界定清晰,在市场机制下,交易成本为零时,通过当事人谈判交易,就可以实现环境资源的有效配置。现今经济学界把这一结论称为科斯第一定理,可以看出,通过安排环境资源的产权,市场机制会实现资源配置帕累托效率。用图 1-3 来分析科斯第一定理基于环境资源价值理论的环境成本内部化问题。

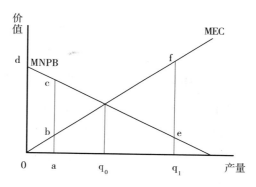

图 1-3　基于环境资源价值理论的交易分析图

图 1-3 中,MNPB 代表企业边际利润。企业边际利润是产量水平的一单位变动所得到的利润。MEC 代表边际环境成本,表示是环境资源所有者承受的损失。假定企业能否使用环境资源取决于所有者,这意味着如果环境资源所有者不想承受损失,就会要求企业将生产规模保持在原点,这意味着企业生产产量为 0。企业为了获得利润就会和环境资源所有者谈判。假设双方谈判结果允许企业使用环境资源,产量移到 a 点,企业会获得利润 0acd,环境资源所有者承担成本 0ab。由于 0acd ＞ 0ab,企业可以补偿环境资源所有者大于 0ab 小于 0acd 的价

值,用于环境资源所有者进行环境治理及生态恢复。这样,企业和环境资源所有者都能获益,环境资源得到合理利用,即帕累托改进。既然产量移向 a 水平属于帕累托改进,那么生产规模继续扩大,产量右移到 q_0 水平也同样是帕累托改进。但产量到达 q_0 水平后生产规模继续扩大就不同了,产量移到 q_1 点,企业会获得利润,环境资源所有者承担成本,如果 $0q_1ed = 0q_1f$,即此时企业的利润等于环境资源所有者承担成本,交易不会出现双方获利的情况,不具有谈判的基础。所以,如果环境资源所有者决定环境资源的使用权,生产规模开始于原点,产量自然趋势会有趋向 q_1,但不会达到 q_1 水平。

假定对企业环境资源使用权没有限定,那么企业生产规模必然扩大到 q_1 水平以上,最大限度地使用环境资源以获取最大利润。此时,环境资源的所有者可以给企业一定的补偿激励,使企业减少产量和环境资源的使用,产量向左移动至 q_1 水平以下也是帕累托改进。

通过上述分析,安排环境资源的产权可以使环境资源利用趋向有效率利用水平,通过市场交易将达到社会最优配置,其前提是交易成本为零。因此,产权制度对环境资源的配置效率具有极为重要的作用,为解决环境资源配置上的市场失灵问题、实现环境成本内部化提供了理论支撑。

(三)环境资源价值理论的启示

环境资源价值理论使我们意识到:环境资源价值既包括有形的环境资源价值,也包括虚拟形式的无形服务价值;既包括现实社会价值,又包括未来社会价值,这些价值都隶属于环境价值之中。因为环境资源价值是环境效益的货币表现,可以找到一种科学的手段对环境资源价值进行评估,构建计量模型;为实现帕累托效率,环境资源配置,可以通过明晰环境资源的产权,解决市场失灵问题,实现生态环境的可持续发展。环境资源价值理论为协调环境成本内部化与经济增长的关系奠定基础,通过科学评价环境成本内部化的环境效益,准确地反映各项环保投资的产出水平,为管理者提供决策的依据。

但是,在现实经济生活中,有些环境资源根本没有办法实现明晰产权,有的即使明确了其产权,由于生态环境破坏具有持续性,生态环境的修复是长期过程,很难实现代际的资源合理分配。因此,从可持续发展理论上,国家应该对生态环境问题进行必要的干预,来纠正市场失灵。

第三节　环境成本内部化的政府激励政策理论

任何政策的形成与实践,除了各利益集团的诉求及发展的客观要求外,必然依托该政策领域完善的理论作为理论分析的基础。本节从委托代理理论和激励性规制理论的角度分析环境成本内部化的政府激励政策。

一、委托代理理论

委托代理理论是信息经济学的核心理论,源于对企业内部信息不对称和激励问题的研究,是研究信息不对称条件下存在利益冲突的市场参与者间最优交易契约关系的理论。

（一）委托代理理论的基础

委托代理理论产生于 20 世纪 60 年代末,主要是对企业内部结构的激励研究,用于解决企业内部由于所有权与经营权分离产生的内部监督问题。近 50 年的研究使委托代理理论不断地丰富与完善,其研究及应用范围已经由最初的研究企业内部问题拓展到研究企业间以及政府与企业间的委托代理问题,在此过程中产生了多种代理理论,但这些理论都是围绕委托代理关系,寻找设计约束条件下的最优契约关系。

随着社会专业化分工,产生了在某领域具有专业知识而且有能力代理他人行使权利的群体,我们把这种被动地接受契约形式代为行使权利的行为主体称代理人,主动设计契约形式,指定、雇佣代理人为其服务的授权者称为委托人。委托代理关系就是指委托人根据设计契约或隐含的约定雇佣代理人为其服务,并授予代理人某些决策权利的契约关系。在委托—代理契约关系的形成过程中,委托人能够主动设计契约,具有先动决策优势,代理人只能被动地接受或拒绝契约;而履行契约过程中,由于代理人与委托人在信息的掌握量上并不对称,代理人具有先天的信息优势,掌握的私人信息较充分;委托人信息不充分则处于被动地位。由于委托人与代理人效用目标的差异,在双方寻求自身的效用最大化前提下,委托人与代理人的利益冲突在所难免,这就需要建立一种有效的激励制度,尽可能地降低委托人的利益损失。因而,经济领域的研究把委托代理关系引申到任何一种涉及非对称信息的交易活动中。

从以上委托代理关系的分析可以看出:(1)委托代理关系是两个经济主体建立的经济契约关系,经济契约规定了双方的权力、义务及他们之间的协作利益关系,这种契约还应满足代理人两个条件,一个是参与约束(代理人履约得到的收益应大于不履约的期望),另一个是激励相容(代理人履行契约时积极实施委托人的期望行为)。由于信息的不对称,在代理人履约过程中可能会发生一方欺骗另一方,或由于设计契约时不可能完全预知变化或契约规定随时间的推移发生了变化等不可控因素,致使契约不完备。(2)委托代理关系建立的基础是经济利益关系。委托人通过设计的报酬机制,激励代理人为其实现效用最大化目标;代理人通过选择自己的行为策略,实现自身效用最大化。在这个角度上,委托人与代理人的经济行为都是追求利益最大化,属于亚当·斯密解释的"经济人"。因此,委托和代理建立的契约关系是经济利益关系。

基于上述委托代理关系的内涵,委托代理关系的建立应具备以下条件:(1)委托人和代理人是两个彼此独立的经济主体。代理人在可供选择的多种行为策略中选择市场行为,其决策既会影响自身的效用收益,也会影响委托人的效用收益。委托人由于具有先动决策优势,在代理人策略选择之前设计契约,与代理人确定经济契约关系,并在契约中明确规定委托的任务及代理者服务数量和质量要求。履约完成后,委托人根据代理人的完成情况支付相应的报酬,代理人获得的履约报酬可视为委托人评价代理人结果的函数。(2)市场具有不确定性。市场未来可能出现的情况不能完全预测,委托人和代理人面临着风险,需要在不确定的情况下作出自己的决策。我们可以把代理人所选策略的实施结果视为随机变量,其分布由代理人的操作行为及市场状况决定,所以代理人策略实施后的最终结果具有不可控性。另外,在履约过程中,代理人的操作行为即使是为委托人利益服务也不能被委托人直接观察到。鉴于此,委托人不能仅通过观察代理行为的结果来评价代理人提供的服务。

任何经济理论的研究都是为了更好地解释现象,提取有效变量时一般根据问题的规律设定假设条件,我们沿用前人作出的三个基本假设条件对委托代理理论进行解析。

一是委托代理关系建立在非对称信息基础上。委托人一般不直接介入现场生产活动,代理人为委托人工作所付出的努力程度不易被委托人直接观察到,只能观测到代理人的工作结果。虽然履约过程中委托人可能也会偶尔看到代理人的行为,但也不足以作为评价代理人的证据,并且无法证实代理人的努力对目标的影响程度。代理人在整个履约过程中,对外部经济环境的了解程度比委托人更深入,获取的信息更充分,对自己的工作努力及付出的信息及其对契约目标的影响程度也比委托人更具有信息优势。因此,委托人与代理人的信息不对称,代理人掌握了"私人信息"优势。

二是委托人和代理人追求的目标存在利益冲突。委托人和代理人属于微观经济主体,都可以假定为经济学上的经济人,两个经济人在履约过程中都会追求自身利益的最大化,契约产生之初就存在目标分歧。委托人利益最大化目标的实现在很大程度上依赖代理人付出更多的努力成本,但是代理人的工作努力程度没有被委托人直接观察到,代理人的付出得不到补偿;在追求自己利益最大化目标的驱动下,代理人希望自己付出的努力得到补偿,在无法实现补偿时就会减少努力付出,通过降低自己得不到补偿的工作成本,实现利益最大化目标。因此代理人和委托人的效用最大化目标是相冲突的。

三是委托代理交易过程中存在外部随机因素。交易过程中的外部随机因素对于委托人和代理人具有不可控制性,并且这些随机因素会对最终交易结果产生重要影响,这样,最终结果就带有很大的不确定性。

根据以上研究假设,当委托人与代理人在非对称信息条件下,二者的经济利益产生了冲突,为了实现自己履约过程的利益最大化目标,代理人就会利用自己的先天信息优势作出损害委托人利益的事情,这样就产生了代理问题。由于信息不对称引起的委托人和代理人利益冲突问题具有遍性,所以,代理问题也是普遍存在。

(二)委托代理理论模型的解析

在履约过程中,代理人的操作行为不管是否为委托人利益服务,都不能被委托人直接观察到,委托代理理论模型通过设置代理人的行动及外生的随机变量,利用不完全信息分析代理人的行动选择。委托人根据分析结果设计激励契约,明确规定委托的任务、代理人服务数量和质量要求以及相应的激励措施,以促成代理人的行为与委托人的目标具有一致性,实现委托人的最大期望效用目标。

从委托代理理论产生至今,对于这一理论的模型化方法有多种,由莫里斯(Mirless)和霍姆斯特姆(Holmstrom)提出的"分布函数的参数化方法"被称为标准化的方法,由这种方法得出的委托代理理论基本模型表示如下：

$$\max_{a,s(\pi)} \int v[\pi-s(\pi)] f(\pi,a) d\pi$$

$$\text{s.t.(IR)} \int u[s(\pi)] f(\pi,a) d\pi - c(a) \geq \bar{u}$$

$$(\text{IC}) \int u[s(\pi)] f(\pi,a) d\pi - c(a) \geq \int u[s(\pi)] f(\pi,a') d\pi - c(a')$$

$$\forall a' \in A$$

$$(1-3)①$$

公式(1-3)中，A 为代理人的行动的集，a 为代理人行动决策向量 $a=(a_1,a_2\cdots a_n)$；θ 表示服从正态分布不受人为控制的随机外生变量；行动 a 和外生随机变量 θ 共同决定代理人的行为结果，行为结果由 π 表示，即 π=a+θ，一般分析时假定 π 是 θ 和 a 的严格增函数，且是 a 的凹函数。

s(π)表示代理人激励报酬函数，选择合理 s(π)是基本模型的核心，由委托人根据观测到的代理行为的结果确定；f(π,a)表示代理人行动决策为 a 时的代理行为结果的分布密度函数；ū 表示保留效用，指委托代理关系产生的代理人最低效用；c(a)表示代理人未履约付出的努力成本，对于代理人是负效用；可以看出委托人的期望效用函数表示为：v[π-s(π)]，代理人的期望效用函数表示为：u[s(π)]-c(a)。

公式(1-3)中，模型 $\max_{a,s(\pi)} \int v[\pi-s(\pi)] f(\pi,a) d\pi$ 表明委托人实现期望效用函数最大化的关键是选择合理 s(π)和充分获取 a，同时委托人实现期望效用函数最大化受代理人两个条件的约束，即：

$\int u[s(\pi)] f(\pi,a) d\pi - c(a) \geq \bar{u}$ 和 $\int u[s(\pi)] f(\pi,a) d\pi - c(a) \geq \int u[s(\pi)] f(\pi,a') d\pi - c(a')$

$\int u[s(\pi)] f(\pi,a) d\pi - c(a) \geq \bar{u}$ 表示代理人的参与约束，即代理人

①　参见付丽苹：《我国发展低碳经济的行为主体激励机制研究》，中南大学博士学位论文，2012年，第37页。

履约得到的收益应不低于保留效用ū,否则,代理人不接受契约,产生不了委托代理关系。保留效用也可以认为是代理人的机会成本,其大小由代理人可供选择的其他市场机会决定。

$\int u[s(\pi)]f(\pi,a)d\pi - c(a) \geqslant \int u[s(\pi)]f(\pi,a')d\pi - c(a')$ 表示是代理人的激励相容约束。即在委托人设计的激励契约下,代理人所选择的行动策略肯定是其期望效用最大化方案。也就是说,委托代理关系的产生(契约的形成)首先是围绕代理人的最大化利益展开,在满足了代理人的最大化利益的情况下,代理人作出行动选择,如果选择的结果与委托人期望一致,代理人获得的期望效用必然大于其他市场机会的期望效用。

"分布函数的参数化方法"建立的委托代理基本模型不仅能直观地表达各种技术关系,而且对基本模型求解。在委托人不能观测代理人选择的行动决策向量a情况下,委托人设计的最优激励契约一定是产出越高,代理人的收入也越高。

(三)委托代理理论在环境成本内部化的激励政策中的应用

委托代理理论研究委托人对代理人的激励问题的核心是,委托人设计合理的激励契约,激励代理人为达到委托人的期望效用努力工作,在相互博弈的过程中实现委托人与代理人的双赢。

在环境成本内部化的激励问题的实践中,通过分析环境成本内部化产生的委托代理关系,探究环境成本内部化建设中可能出现的委托代理问题。由于设计合适有效的激励政策是解决代理问题的关键,因此,运用委托代理理论构建环境成本内部化的分析框架,政府根据观测到的企业环境信息设计激励政策。激励政策的设计可以使政府获得更多的企业环境信息,促成政府和企业之间的信息对称。环境成本内部化的激励政策实质是引导企业决策目标和政府期望效用目标趋向一致。

二、激励性规制理论

激励性规制理论是研究政府激励手段的实用性理论,吸收了信息经济学和可竞争市场理论的研究成果,属于市场规制理论的研究范畴,对解释环境污染成本内部化具有较强洞察力。激励性规制理论的核心是:由于信息的非对称性,如果提高环境成本内部化的激励强度,企业将会为此尽量降低成本,从而会产生超额利润,这些利润称为信息租金,完全归企业所有,信息租金将直接制约激励性规制效率的提升。其研究内容包括激励性价格政策和成本补偿机制等,主要是在需要规制的市场失灵领域,通过引入激励机制激励企业提高效率,同时达到政府低成本实现期望目标的目的。

（一）激励性规制的含义

1970 年以前,经济学上对规制理论的研究主要集中在对公用事业的准入与价格的控制上,经过多年的发展,规制理论已经由公共事业扩展到其他领域,如对环境污染和作业场所安全的规制等。

对激励性规制的内涵国内外学者也作出了相应的解释,从对规制解释的文献看,由于解释的角度不同,对规制的表述也有所差异,但对政府规制的本质特征的把握具有一致的认识,主要有以下几个方面:（1）激励性规制具有高度目的性,其目的是弥补市场失灵,通过政府的调节和干预提高社会经济绩效和福利,最终实现经济效益和社会效益的帕累托最优。（2）激励性规制是政府利用国家强制权采取的活动,活动的主体是政府机构或公共管理组织,客体是微观经济主体（主要是企业）。规制主体通过立法被授予实施规制权,具有较强的强制力。（3）激励性规制的活动过程是规制客体和规制主体讨价还价的过程,也可以看成在被规制产业市场中的微观经济主体同政府之间的战略及规则组合界定的博弈过程。因此,激励性规制政策的制定与实施也是博弈的过程,最终出台的政策是各方争取利益的均衡结果。

激励性规制是在信息不对称条件下设计规制方案,设计的激励方案要满足微观经济主体理性约束和激励相容约束,最终提供的激励方案,是在高效率与低信息租金二者之间作出权衡的结果。从政策层面,激励性规制是市场经济国家干预经济的政策,可以制约规范微观经济主体的行为,从而实现政府的某种公共政策目标,也可以认为激励性规制是现代市场经济国家的制度安排。

因此,本书关于环境成本内部化中的激励性规制可定义为:政府为推进环境成本内部化,实现可持续发展的目标,通过环境法规和标准的制定实施,对激励性规制客体(主要是企业)采取的激励管理与监督的一系列措施。

(二)激励性规制的内容与手段

在实践中,激励性规制通常是由正激励制度和负激励制度有机结合加以运用,以实现预期管理目标,根据激励性规制的方式划分,激励性规制可以分为责任约束激励规制与经济驱动激励规制。其实质是通过向微观经济主体的活动产生的环境外部性的受益者征收相应的税费,或者向微观经济主体的活动产生的环境外部性的受害者支付相应补偿,把环境资源的价格内化到产品的价格,从而使外部性环境成本内部化。主要的激励性规制手段有排污收费、环境税、环境补贴和排污权交易等。

责任约束激励规制就是企业生产经营过程中,对外部环境产生污染的前提下,为保护生态环境和居民的安全,污染企业应该就产生的环境损害承担相应责任的制度。如对企业设立相应的环境排污标准,并向污染企业核发排污许可证和征收环境排污费及环境监测制度等。责任约束激励规制在环境治理的激励实践中,为了实现环境资源的配置效率以及环境资源的公平使用,大多以环境许可证制度体现,对某些行业的进入企业实施许可或认可制度,有的还会对企业提供产品的数量、质量及价格加以限制,其内容是非常丰富的,一般政府有关部门通过法律手段实施监管。在中国多年来的实践证明,虽然中国的排污收费制度现阶段仍然有诸多的问题,但从中国的实际发展情况看,不失为环境污染治理的一项较为行之有效的激励性政策。

经济驱动激励规制是受益规则在环境污染治理中的运用,建立在环境资源的产权制度基础之上的"谁受益,谁付费"的激励制度,如环境补贴和排污权交易等。环境补贴是政府实施经济驱动激励规制的常见形式,通过补贴政策对不污染行为给予奖励主要有环保设备补贴和污染减排补贴两种类型,主要手段有拨款、税收优惠和贷款贴息等。排污权交易是具有较高环境效率的经济驱动激励规制政策,其出发点是将政府设定为环境资源的所有者,代表着公众的环境诉求,在满足公众生态环境诉求的条件下,确定生态环境的可承载排污总量,然后根据可承载排污总量将排污权进行分割,以合理的方式配给企业。同时,允许排污权在企业间相互转让,这样就会形成排污权交易市场,排污权的转让在市场机制作用下产生市场价格。转让价格为企业的环境成本内部化提供了合理的经济驱动激励,从而实现外部环境成本最小化的环境污染控制方案。

三、环境成本内部化激励政策的经济分析

由于环境成本的经济特殊性,市场机制对其进行调节时,会出现市场失灵,因此,必须通过政府介入改变参与者的环境成本收益对比,以此来促使企业积极开展环境成本内部化工作。目前,我国环境成本内部化的相关制度建设尚处于初级阶段,现已实施环境成本内部化的政策手段及措施,大多属于规制手段和强制性措施,关于政府激励的内部化政策运用明显乏力。激励政策手段具有效率高和成本低等优点,可以实现企业主动实施环境成本内部化。由此,要从中国目前提高生态文明水平要求出发,结合中国实际尽快运用并不断完善政府激励政策,

满足生态环境系统的可持续发展需求。

（一）环境成本内部化激励政策的作用机理

环境成本内部化的政府激励政策是一个综合性的系统工程，因为环境成本特殊的经济特征，企业在经营过程中按照理性人的思维不会主动开展环境成本内部化，然而环境成本内部化工作没有企业的参与行动，无法产生理想的环境效果。因此，需要政府担负起环境责任的重担，通过引入激励机制激励企业提高效率，达到政府低成本实现环境期望目标的目的。从世界上发达国家实施环境成本内部化的经验来看，环境保护相关法律法规是开展环境成本内部化的基础保障，基于市场的经济激励政策则是开展环境成本内部化的必要手段。环境成本内部化的政府激励政策通过有关环境法规的实施以及环境标准的执行，积极促进环境成本内部化工作的开展，这是推动环境成本内部化工作的外在条件。经济激励政策相对于强制性政策具有关键优势，激励机制可以激励企业提高效率，这样企业可以从环境成本内部化的实施中获益，获得企业经济效益是企业主动开展环境成本内部化的直接动力和内因。企业是开展环境成本内部化工作最关键的经济主体，具有"经济人"的天然特性，鉴于此，政府在推动企业开展环境成本内部化过程中，应按照市场经济规律施加外部影响，企业就是环境成本内部化的代理人，企业所选择的行动策略肯定是其期望效用最大化方案。实践中，无论是企业的环境污染所造成的环境负外部性，还是开展企业环境成本内部化所产生的环境正外部性，都能够运用基于市场规律的激励政策予以内部化，另外，环境成本内部化的激励政策更有利于协调市场主体之间的利益关系，以及不同社会集团的利益关系，环境成本内部化中尤其具有现实针对性。所以，政府激励政策是开展环境成本内部化工作最为有效的工具。本书将在以下的研究中运用委托代理理论和激励性规制理论，对如何设计环境成本内部化的政府激励政策才能有效地推动企业主动将其产生的外部环境成本加以内部化进行分析研究。

（二）环境成本内部化激励政策的经济效果

环境成本内部化激励的宏观均衡主要体现在环境承载力与外部环境成本的平衡关系上，如图1-4所示。

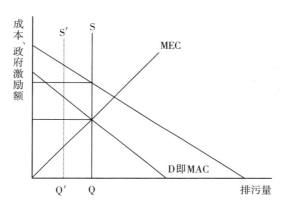

图1-4　环境成本内部化激励政策的宏观效应分析图

图1-4中，横轴代表排污量，纵轴代表成本和政府激励额。S和D分别代表环境承载力和外部环境成本，MAC和MEC分别代表企业边际治理成本和边际外部环境成本。

环境承载力曲线和外部环境成本曲线的特点如下：由于环境成本内部化的目的是实现生态环境可持续发展，由环境承载力决定，因而环境承载力曲线S是一条垂直于横轴的线，表示环境承载力一般不会随着价格的变化而变化。由于企业排污产生的外部环境成本取决于其边际治理成本，所以可以将边际治理成本曲线MAC看成是外部环境成本曲线D。

环境成本内部化激励政策将使环境承载力与外部环境成本随着环境成本内部化程度变化重新达到平衡。环境成本内部化，将导致外部环境成本减少，曲线左移，政府环境治理的压力减小，执行激励的力度减弱，企业将多排污，外部环境成本增加，在保证污染物排放总量控制在环境可承受的前提下，尽量地减少了过度治理，节省了控制环境治理质量的总费用。如果有新企业加入,将导致外部环境成本增加,外部环境成本曲线 D 移到 D′,但环境承载力曲线保持不变,因而要求政府激励力度上升到 P′。如果新企业的经济效益高,边际治理成本低,只需要政府负担较少的激励成本,就可以使其生产规模达到合理排污水平。

环境成本内部化激励政策有助于政府调控微观经济主体的市场经济行为,激励企业为政府实现整体环境的效用最大化目标。由于政府和企业之间的信息不对称,政府对环境污染排放标准和排污费征收标准的制定与修改难以反映出真实的环境承载力与企业总排污水平,也就是说,强制性的内部化政策不能实现政府与企业的最优均衡。环境成本内部化的政府激励政策的实施有助于调动污染者减少排污和创新环保技术的积极性,增加微观经济主体减少污染的灵活性,这样既可以通过激励机制调解环境承载力与环境成本内部化程度的平衡,引导企业决策目标和政府期望效用目标趋向一致;又可以使政府获得更多的企业环境信息,促成政府和企业之间的信息对称,及时评价环境标准的适用性。

(三)环境成本内部化激励政策下的企业决策分析

由企业生产过程中的物料平衡可知,任何经济活动都会对环境产生影响,不利的影响为环境污染,即产生环境成本。以生产企业为例,假定企业某产品选择产量 Q 进行生产,以赚取净利润 $\pi = PQ - C(Q)$,其中 P 为固定价格,$C(Q)$ 为成本函数。那么企业的最大利润可表示为:

$$\max[PQ - C(Q)] \tag{1-4}$$

企业实现最大化利润的产量是由单位产品的边际收益 MR 等于边际成本 MC 确定的,即曲线 MC 和曲线 MR 交点所确定的 Q_1 水平,如图 1-5 所示。

伴随着企业 Q_1 数量产品的生产,企业会排放一定数量的污染物,

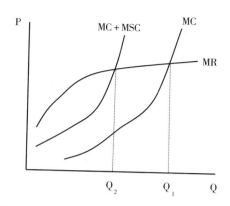

图1-5　企业利润最大化的生产水平分析图

假定污染物随着产量的增长线性变化,企业排污量可用 A＝kQ,k 的排放系数,排污产生的环境损失(即外部环境成本)用 D(A)表示。如果要求企业承担环境污染的外部损失(即环境成本内部化),则企业最大化的利润应表示为:

$$\max[PQ-C(Q)-D(kQ)] \tag{1-5}$$

企业承担环境污染外部损失的最优产量由边际收益等于边际成本确定,而此时的边际成本变为企业边际成本与环境边际成本之和(MC+MSC),即图1-5中,曲线 MC+MSC 和曲线 MR 交点所确定的 Q_2 水平。可以看出,如果将环境成本纳入生产决策之中,企业最优反应将是降低产品生产数量,来冲减外部损失,直至企业边际收益(MR)等于企业边际成本与环境边际成本之和(MC+MSC)。如果要求企业承担的环境成本高于企业的边际治理成本,企业就会选择内部环境治理;如果要求企业承担环境成本低于企业的边际治理成本,企业就会选择减少产量。目前中国排污费,不是依据环境容量制定的收费标准,不能体现具体化的排放总量,难以刺激企业选择内部环境治理,这也是目前中国环境内部化补贴激励存在的唯一理由,通过补贴鼓励企业进行污染防控。

小　结

从经济学的研究角度看,由于对环境资源这一公共资源的长期过度消耗而不承担相应的环境成本,产生的环境成本具有外部性,导致环境资源的市场配置失灵。要想实现环境成本内部化可以运用税收和界定产权的方式,实现企业产品的全部成本计量,从而实现社会经济发展的绿色化。在本章中,首先对环境成本内部化及政府激励政策进行了界定。其次是环境成本内部化解析,通过环境成本外部性与环境资源价值的经济学分析,发现环境成本具有很强的经济外部性;环境资源价值理论为协调环境成本内部化与经济增长的关系奠定基础;进而在此基础上,运用委托代理理论和激励性规制理论分析环境成本内部化的政府激励政策,得出需要依据环境容量制定的环境成本内部化激励政策,刺激企业进行内部环境治理,消除环境成本的外部性影响。环境成本内部化的政府激励政策能够充分发挥市场机制的作用,一方面,能够通过激励机制调节环境承载力与环境成本内部化程度的平衡关系,从而引导企业作出正确的决策。另一方面,能够给政府决策提供充分的信息,发现环境标准制定的是否合理,从而改进环境政策,处理好环境保护与经济发展的关系。

第二章 中国环境成本内部化的
政府激励政策实践

伴随着中国经济的快速增长和工业化及城市化建设的推进,生态环境的压力不断加大,面对生态环境系统的退化问题,党的十八大报告提出,要把生态文明建设放在突出地位,将生态文明建设纳入"五位一体"的中国特色社会主义事业总体布局。多年来,中国政府在实施可持续发展战略实践中总结出了一些重要经验,将生态环境和自然资源管理置于较高的优先地位,政府管理体制也在不断完善,但仍要清醒地认识到,当前中国面临的生态环境问题非常复杂,要想从源头上扭转生态环境恶化的趋势,必须加快推进环境成本内部化。

本章在上述各章理论运用的基础上,重点对中国环境成本内部化激励政策应用进行分析,为提出有针对性的政府激励政策建议做准备。

第一节 中国环境成本内部化的
政府激励政策发展

在 20 世纪 70 年代以前,中国对于生态环境保护没有形成明确的概念,只是提出了一些与生态环境保护相关的政策,如水土利用、森林保护等。由于中国的人口基数大,自然资源的人均占有量相对较少,而改革开放后经济发展主要依赖于高耗能、高污染的粗放式发展模式,造成了严重的环境污染问题,于是开启了中国的环境成本内部化政策。多年来,中国政府对生态环境的治理做了大量的工作,政策制定上,出台了很多环境政策文件及环境保护措施,从计划经济下的行政命令到制定相关的环境法律法规依法进行治理环境,再到建立适应市场机制要求的规制约束与经济激励多种手段配合实施的环境政策,都充分体现了中国政府对环境成本内部化工作的重视。总体来说,中国环境成本内部化激励政策的发展可分为以下几个阶段。

一、中国环境成本内部化政策的开端

新中国成立初期,发展经济解决人民的吃饭问题是首要任务,由于认识上的不足,当时政府没有意识到生态环境问题。进入 20 世纪 70 年代,中国的环境问题开始暴露,如大连湾污染、松花江水系污染等环境污染问题,要求政府采取行动保护环境,以防治环境污染。1972 年 6 月,联合国召开的人类环境会议通过了《人类环境宣言》,标志着全球环境保护一致行动,中国环境保护由此进入开创阶段,这也可以说是中国环境成本内部化的起点。

中国政府在第一次全国环境保护会议(1973 年)上通过的《关于保护和改善环境的若干规定(试行)》,确定了中国环境保护的"三十二字"方针。1973 年 11 月,颁布了《工业"三废"排放试行标准》,这是中国的第一个环境标准,成为中国"三废"治理和综合利用的政策依据。随后,颁布了《关于编制环境保护长远规划的通知》(1976 年),为中国开展环境保护提供了规划依据。之后的几年,陆续有多部门联合下发了《〈关于治理工业"三废"开展综合利用的几项规定〉的通知》《〈关于工矿企业治理"三废"开展综合利用产品利润提留办法〉的通知》,这些可以认为是当时针对"三废"产生的环境成本进行内部化的政策雏形。

1979 年 9 月,中国颁发了《中华人民共和国环境保护法(试行)》,

这是中国第一部具有里程碑意义的环境保护基本法,标志着中国的环境成本内部化政策开始走向规范化。《征收排污费暂行办法》(1982年)的颁布与实施,标志着环境成本内部化制度的正式确立。以后中国对海洋环境、陆地水环境、大气环境、自然保护等领域也加强了环境保护工作,陆续制定了有关环境成本内部化的一系列单行法规,并编制了相应的环境污染排放标准。

可以看出,这一时期的环境成本内部化政策属于命令控制型政策,其措施局限于对污染排放的控制,主要以行政干预和法律强制手段实现环境成本内部化。

二、中国环境成本内部化激励政策的发展

20 世纪 80 年代至 20 世纪末,中国开始注重环境效益、经济效益和社会效益的协调统一,环境成本内部化政策体系逐步形成。1983 年12 月,第二次全国环境保护会议上确立了三项环境保护的基本政策:"预防为主""谁污染谁治理"和"强化管理",其中"谁污染谁治理"充分突出了环境成本内部化的要求。1989 年 5 月,召开了第三次全国环境保护会议,明确了制度建设和环境监管的重点;1989 年 12 月,中国颁布并实施了《环境保护法》,意味着中国的环境成本内部化工作开始进入政策体系的完善阶段。

改革开放的初期,由于中国仍处于计划经济阶段,在环境成本内部化管理上大多以政府的名义实施,企业和居民几乎没有直接参与。环境成本内部化政策基本停留在政府推动层面,对企业环境成本内部化的经济责任没有加以明确。为获取最大化的利润,企业不会考虑环境成本,虽然政府对产生环境污染的企业征收超标排污费以实现环境成本内部化,但是企业通过种种办法逃避处罚使环境成本转移,污染物排放总量难以控制。可以说,20 世纪 80 年代注重末端治理的环境成本内部化政策是被动的,是低效甚至无效的。

20世纪90年代,随着中国改革开放进一步深化,经济体制也发生了变化,由计划经济转变为市场经济,粗放型经济增长方式也开始向集约型转变,环境保护也发生了较大的转变。1994—1998年,原国家环保总局印发了许多有关环境保护的文件,如《全国环境保护工作纲要(1993—1998)》和《全国环境保护工作(1998—2002)纲要》,极大地促进了环境成本内部化的法律手段运用。① 在此阶段,随着环保法律的制定和法律手段的运用,环境成本内部化管理更加规范化,制定和重新修订了许多环境法规,并编制了相应的环境污染排放标准,如颁布了《中华人民共和国清洁生产促进法》,这是一部以推行清洁生产实现环境成本内部化的法律;对于环境污染治理,发布相关条例对环境污染实行污染物总量控制,并规定了实行总量控制的计划,如《淮河流域水污染防治暂行条例》对淮河流域的污染排放进行了规定。此外,国家出台了一系列关于环境成本内部化的产业政策、行业政策,地方性环境成本内部化的法规和地方环境标准也在不断更新。

在环境成本内部化管理实践上开始引进市场机制,充分发挥经济手段在环境成本内部化中的调控作用。随着中国经济体制改革的深化,企业的经济自主权扩大,环境成本内部化的经济能力增强,企业可利用各种资金渠道实现环境成本内部化。1992年,国家环保总局根据中国具体情况提出了《中国环境与发展的十大对策》,明确了按照资源有偿使用的原则,逐步开征资源利用补偿费和提高排污收费标准,促使企业实现环境成本内部化。第二次全国工业污染防治工作会议(1993年10月)提出推行清洁生产的理念,标志着环境成本内部化产生本质性的变化,不再是单一的末端治理成本内部化,要求企业在生产过程中各环节的全部环境成本加以内部化,全程控制污染排放。

对于企业在生产过程中的环境成本控制主要体现在节能政策上,

---

① 参见白永秀、李伟:《我国环境管理体制改革的30年回顾》,《中国城市经济》2009年第1期。

《中国 21 世纪议程》(1994 年 3 月),把节能和提高能源效率作为环境成本内部化的关键措施,标志着中国政府将调整能源管理手段和措施,探索市场经济条件下的能源管理政策,促进实现环境成本内部化。1998 年 1 月 1 日施行了《中华人民共和国节约能源法》,标志着中国通过节能实现环境成本内部化的工作上升到法律高度。《中华人民共和国节约能源法》实施之后,国家相关部门陆续颁发了一系列配套环境管理办法,如《重点用能单位节能管理办法》等。地方政府也根据本地实际情况,相继出台了地方性节能法规,极大地推动了环境成本内部化工作的深入开展。

在这一时期,中国逐步确立了社会主义市场经济体制,其环境成本内部化政策由改革开放初期的以行政强制性为主的政策,逐渐转向市场化与鼓励性措施同时实施的模式。但是,中国的环境污染和生态环境破坏问题并没有从根本上解决,需要政府进一步发挥主导作用,探索适合的环境成本内部化政策以解决环境污染问题。

三、中国环境成本内部化的政府激励政策形成

进入 21 世纪,中国的环境污染问题日趋凸显,引起了全社会和政府的高度关注,环境保护也进入深化阶段,环境成本内部化政策由行政强制性为主的政策逐渐向市场化的激励政策演进。

2006 年 3 月,第十届全国人民代表大会第四次会议审议通过了《中华人民共和国国民经济和社会发展第十一个五年规划纲要》,规定在"十一五"时期,落实节约资源和保护环境基本国策,建设可持续发展的国民经济体系和资源节约型、环境友好型社会。[①]《中华人民共和国国民经济和社会发展第十一个五年规划纲要》明确了环境成本内部化的具体政策,在节能方面,强化政策导向,鼓励生产使用高效节能产

---

① 　参见《中华人民共和国国民经济和社会发展第十一个五年规划纲要》,《人民日报》2006
年 3 月 17 日。

品;在矿产资源管理方面,要求建立矿业权交易制度,健全矿产资源有偿占用制度和矿山环境恢复补偿机制;在污染防治方面,强化从源头防治污染,充分发挥税收的调节作用,加强环保等政策和产业政策配合,建立生态补偿机制。

2011年3月,第十一届全国人民代表大会第四次会议上批准的《中华人民共和国国民经济和社会发展第十二个五年规划纲要》,规定优化能源结构,合理控制能源消费总量,完善资源性产品价格形成机制和资源环境税费制度,健全节能减排的法律法规和标准,强化节能减排目标责任考核,把资源节约和环境保护贯穿于生产、流通、消费、建设各领域各环节,提升可持续发展能力。① 明确了健全环境成本内部化激励约束机制,在资源利用上实行总量控制与定额管理,提高能源资源利用效率,制定水量分配方案,加强水权制度建设;在能源利用方面,加强了政策的导向作用,编制了相关的节能标准,激励企业在生产过程中节约能源的使用,尽可能使用更清洁的能源;在土地利用方面,建立土地保护补偿机制,实行先补后占,落实耕地占补平衡;在矿产资源开发利用方面,强化矿产资源节约与综合利用,完善矿产资源有偿使用制度和矿山环境恢复治理保证金制度。

2015年10月,中国共产党召开了第十八届中央委员会第五次全体会议,批准了《中共中央关于制定国民经济和社会发展第十三个五年规划的建议》,明确了界定环境资源的使用权及发展相关环境市场的发展方向,如用能权、用水权、排污权的确立,建立碳排放权初始分配制度,并提出了创新有偿使用、培育和发展相关环境权交易市场的构想。

综上所述,针对环境成本内部化工作的开展,建立了一系列的相关法律法规、政策和制度,基本形成了环境成本内部化的激励政策框架,

---

① 参见《中华人民共和国国民经济和社会发展第十二个五年规划纲要》,《人民日报》2011年3月17日。

既包括政府的行政命令政策和规划,也包括市场经济的激励政策和措施。从中国环境成本内部化政策的发展历程来看,从政府命令控制到运用经济激励手段调节,对于环境保护和污染治理起到了一定的效果。但收效甚微,不能从根本上扭转生态环境的污染和破坏问题,中国正在积极调整环境成本内部化的激励政策,以解决环境问题。

第二节　中国环境成本内部化的政府激励政策措施

中国政府一直积极应对世界气候问题,为实现在联合国气候变化大会上的承诺,制定出了符合中国特色的环境成本内部化模式,陆续出台了一系列的环境成本内部化激励措施,随着各项措施的逐项落实,生态环境质量的恶化状况得到一定的抑制,降低能源效率逐年提高,环境成本的内部化效果显著。现对环境成本内部化的主要激励措施及成效加以归纳,以便从中总结成功经验。

为了将环境成本内部化工作落到实处,2005 年后,中国政府修订和制定了《中华人民共和国清洁生产促进法》《中华人民共和国节约能源法》《"十一五"主要污染物总量减排考核办法》《单位 GDP 能耗统计指标体系实施方案》《十大产业调整和振兴规划》《"十二五"主要污染物总量减排考核办法》《中华人民共和国环境保护法》等一系列针对环境成本内部化的法规政策。通过这些法规政策的具体实施,不断完善环境成本内部化的相关措施,概括而言,主要有以下几方面的激励措施。

一、责任目标考核激励

2007 年 11 月,国务院批转《节能减排统计监测及考核实施方案和办法的通知》,构成了完整的环境成本内部化的统计和考核体系,这标志着中国环境成本内部化的责任目标考核激励进入落实阶段。包括三个方案,即:《单位 GDP 能耗统计指标体系实施方案》《单位 GDP 能耗监测体系实施方案》《单位 GDP 能耗考核体系实施方案》;三个办法,即:《主要污染物总量减排的统计办法》《主要污染物总量减排监测办法》及《主要污染物总量减排考核办法》。"三个方案"和"三个办法"对环境成本内部化工作的相关统计和考核工作作出了详细规定。

2007 年 5 月 23 日,国务院关于印发的《节能减排综合性工作方案的通知》指出,建立政府节能减排的工作问责制,将节能减排的完成情况纳入各地经济社会发展综合评价体系,并作为考核政府领导干部和企业负责人业绩的依据,实行"问责制"和"一票否决"制;对重点企业节能减排的工作加强检查和指导,进一步落实目标责任,建立实施重点耗能企业公告制度,要求企业编制能源审计和利用报告,并对未实现节能目标要求的单位进行能源审核。[1] 这说明中国的环境成本内部化的目标责任制已开始实施。通过实施目标责任制,"十一五"期间中国的单位能耗降低了 19.1%,二氧化硫排放总量下降了 14.29%,化学需氧量排放总量下降了 12.45%,基本实现了"十一五"规划纲要确定的环境成本内部化约束性目标,扭转了单位产值能耗和主要污染物排放总量上升的趋势。

2011 年,国务院印发《"十二五"节能减排综合性工作方案》的通知,要求进一步严格落实环境成本内部化目标责任,形成政府主导、市场激励有效驱动、企业为实施主体、全社会共同参与的推进环境成本内部化工作格局,着力健全激励和约束机制。[2] 要求明确企业环境成本内部化的主体责任,严格执行相关环境法律法规和标准,细化和完善责

---

[1] 参见《国务院关于印发节能减排综合性工作方案的通知》,2007 年 5 月 23 日,见 http://www.gov.cn/xxgk/pub/govpublic/mrlm/200803/t20080328_32749.html。

[2] 参见《国务院关于印发"十二五"节能减排综合性工作方案的通知》,2011 年 9 月 27 日,见 http://www.gov.cn/zwgk/2011-09/07/content_1941731.htm。

任目标考核激励的管理措施,进一步发挥市场机制作用,加大环境成本内部化市场化机制推广力度,真正把环境成本内部化转化为企业的内在要求。根据《"十二五"节能减排综合性工作方案》对环境成本内部化目标责任的规定,对全国环境成本内部化的总指标进行层层分解,各级政府及相关职能部门根据分解目标建立地方目标并落实,加强对用能和排污重点单位的责任管理。强化考核激励的运用,将环境成本内部化政策措施落实及目标完成情况作为考核政府绩效的内容,对环境成本内部化工作成绩突出的地方政府、企业和个人给予奖励。

2016 年 12 月 20 日,国务院印发《"十三五"节能减排综合工作方案》的通知指出,随着工业化、城镇化进程加快和消费结构持续升级,我国能源需求刚性增长,资源环境问题仍是制约我国经济社会发展的瓶颈之一,节能减排依然形势严峻、任务艰巨。《"十三五"节能减排综合性工作方案》为完善环境成本内部化的政府激励政策指明了方向。一是完善环境资源价格激励政策,通过差别电价政策和惩罚性电价政策、超定额用水累进加价政策、差别化排污收费政策等,促进高耗能企业的环境成本内部化。二是完善税收激励政策,落实支持节能减排的企业所得税、增值税等优惠政策,修订完善《环境保护专用设备企业所得税优惠目录》和《节能节水专用设备企业所得税优惠目录》。全面推进资源税改革,逐步扩大征收范围。三是健全绿色金融政策,鼓励银行业金融机构对企业环境成本内部化项目给予多元化融资支持,推动金融机构发行绿色金融债券,鼓励企业发行绿色债券。

二、重点工程示范激励

重点工程是指为了完成环境成本内部化的目标任务,重点抓的工程项目,包括节能重点工程、污染物减排重点工程、循环经济重点工程等。重点工程主要通过企业自筹、金融机构贷款和社会资金投入等方式筹集资金,各级人民政府安排必要的引导资金给予支持。通过这些重点示范工程的实施,其间取得了巨大成绩:"十一五"中央预算内投资及节能减排专项资金 300 多亿元(其中中央预算内 80 多亿元、专项资金 220 多亿元),各省也相继建立了专项资金激励节能,支持重点节能工程项目 5200 多个,这些项目可节能 3.4 亿吨标准煤;全国新增城镇污水日处理能力 6500 万吨,城市污水处理率达到 77.5%,至 2014 年 3 月底,中国共有 185 家城镇污水处理企业,累计建成污水处理厂 3622 座。[①]

至 2015 年,基本实现所有县和重点建制镇具备污水处理能力;建设了 100 个环境资源与能源循环基地、80 个商品回收利用重点工程示范城市、50 个城市矿产综合开发重点工程示范基地、5 个再制造重点工程示范集聚区及 100 个城市废弃物利用处理示范重点工程。[②] 2011 年,国务院印发的《国家环境保护"十二五"规划》提出,"十二五"期间优先实施 8 项环境保护重点工程,开展试点示范,包括主要污染物减排工程、改善民生环境保障工程、农村环保惠民工程、生态环境保护工程、重点领域环境风险防范工程、核与辐射安全保障工程、环境基础设施公共服务工程、环境监管能力基础保障及人才队伍建设工程。[③] 以上国家实施的重点工程建设对于环境成本内部化的推行起到了示范激励效果,企业对于环境成本内部化的投入不断增加。

"十三五"期间,推进实施的重点生态工程取得了显著成效,截至 2018 年年底,我国国际重要湿地 57 处、国家级湿地类型自然保护区 156 处、国家湿地公园 896 处,全国湿地保护率达 52.2%;各类自然保护区 2700 多处,90% 的典型陆地生态系统类型、85% 的野生动物种群

① 参见《"十一五"节能减排回顾:节能减排取得显著成效》,2011 年 3 月 10 日,见 http://www.gov.cn/gzdt/2011-03/10/content_1821714.htm。
② 参见《国务院关于印发"十二五"节能减排综合性工作方案的通知》,2011 年 9 月 27 日,见 http://www.gov.cn/zwgk/2011-09/07/content_1941731.htm。
③ 参见《国务院关于印发国家环境保护"十二五"规划的通知》,2011 年 12 月 20 日,见 http://www.gov.cn/zwgk/2011-12/20/content_2024895.htm。

和65%的高等植物群落纳入保护范围;全国森林面积居世界第五位,森林蓄积量居世界第六位,人工林面积居世界首位。2020年6月3日,国家发展改革委、自然资源部印发《全国重要生态系统保护和修复重大工程总体规划(2021—2035年)》(以下简称《规划》)的通知明确了今后重点工程的示范方向,《规划》从保障国家生态安全大局出发,通过"条块结合、以块为主"的方式布局了9个重大工程、47项重点任务。规划目标:力争到2035年实现全国森林覆盖率达到26%,森林蓄积量达到210亿立方米,天然林面积保有量稳定在2亿公顷左右,草原综合植被盖度达到60%;确保湿地面积不减少,湿地保护率提高到60%;新增水土流失综合治理面积5640万公顷,75%以上的可治理沙化土地得到治理;海洋生态恶化的状况得到全面扭转,自然海岸线保有率不低于35%;以国家公园为主体的自然保护地占陆域国土面积18%以上,濒危野生动植物及其栖息地得到全面保护。①这将对企业今后实施环境成本内部化具有极强的示范激励作用。

三、经济政策激励

经济政策激励主要通过环境资源价格政策、税收政策、生态补偿政策、金融政策和排污权交易政策改革实现。

环境资源价格政策激励主要是通过资源性产品价格改革和排污收费改革实现的。"十一五"期间,价格政策改革包括:煤炭、成品油、天然气价格改革;电价实行峰谷分时电价;调整各类用水价格,实行阶梯式水价、超额用水加价制度等。"十二五"期间,价格政策改革进一步深化,包括:理顺资源性产品(煤、电、油、气、水等)价格关系;对于水、电的价格实行阶梯差异化价格;电价政策进一步细化实施峰谷分时;对

①　参见《国家发展改革委、自然资源部关于印发"全国重要生态系统保护和修复重大工程总体规划(2021—2035年)"的通知》,2020年6月3日,见 http://www.gov.cn/zwgk/2011-12/20/content_2024895.htm。

能源消耗超限额标准的企业,实行惩罚性电价,地方可按程序加大惩罚性电价实施力度。对于排污收费,中国不断地进行排污收费制度的改革探索。2003年7月,实施的《排污费征收管理使用条例》,结合排污费征收的实际特点,明确了排污收费基本原则,提出了"收支两条线"的排污费管理的基本思路。"十一五"期间,进行了提高排污费征收标准、城市污水处理费标准和垃圾处理收费标准的排污收费改革;"十二五"期间,在排污费征收政策上,将污泥处理费用列入污水处理成本,加大排污费的征收力度;"十三五"期间,鼓励各地制定差别化排污收费政策,扩大挥发性有机物排放行业排污费征收范围。

税收政策激励主要是对节能、节水、资源综合利用企业及环保产品实行相应的税收优惠。"十一五"期间,税收政策激励措施包括:对进行节能环保项目投资和节能环保专用设备投资的企业实行减免或抵免企业所得税政策;对企业进行节能减排设备投资准予增值税进项税抵扣;改进资源税计征方式,提高资源税税负水平,适时出台燃油税。"十二五"期间,税收政策激励措施包括:落实国家支持节能减排的相关税种等优惠政策;推进资源税费改革,适当提高资源税税负水平;积极推进环境税费改革;对于资源综合利用和可再生能源的税收优惠政策予以完善。调整高耗能、高排放产品的出口税收政策。"十三五"期间,继续落实资源综合利用税收优惠政策,实施环境保护费改税,推进开征环境保护税,逐步扩大资源税征收范围,对进口自用减排技术装备减免进口关税。

生态补偿政策主要是在政府预算中安排一定量财政资金,通过补贴或奖励等方式,激励实施主体进行环境成本内部化投资。加大了财政基本建设资金向环境成本内部化项目的倾斜力度;完善矿产资源开发生态补偿机制,进行跨流域生态补偿机制的试点工作,建立高能耗机械报废经济补偿制度。加大中央预算内投资和中央财政节能减排专项资金的投入;强化财政补贴资金的引导作用,通过"以奖代补""以奖促治"以及财政补贴实现高效节能产品的推广;政府推行绿色采购制度,提高环保节能产品的采购比重。

金融政策激励主要是强化金融对环境成本内部化的支持力度。"十一五"期间,鼓励和引导金融机构加大对环境成本内部化的投资项目信贷支持力度;研究建立环境污染责任保险制度;对于国外优惠贷款的安排突出对环境成本内部化的投资项目支持;建立环保职能部门与金融系统的环境信息通报制度。"十二五"期间,加大金融机构对环境成本内部化的投资项目信贷支持力度;引导社会资金和国际援助资金对环境成本内部化的项目增加投入;建立金融系统的绿色评级制度,将绿色信贷成效与金融系统人员履职评价、金融机构准入和金融业务发展相挂钩。"十三五"期间,鼓励社会资本按市场化原则,设立节能环保产业投资基金,支持符合条件的节能减排项目通过资本市场融资,鼓励绿色信贷资产、节能减排项目应收账款证券化,在环境高风险领域建立环境污染强制责任保险制度。

排污权交易政策可以认为是环境成本内部化的经济政策,中国在20世纪80年代开始尝试排污权交易,最初的排污权交易一般在政府部门的安排下进行的,大多为无偿交易。第一次进行排污权有偿交易是在上海。1982年,上海市对新上的项目按照综合平衡、调剂余缺的原则,对排污权进行了有偿转让尝试。直至2001年9月,亚洲银行贷款项目的赠款项目"二氧化硫排污交易系统"在山西省太原市试行,标志着排污权交易制度在中国开始了实质性的探索,包括排污权的分配、交易原则、监测办法等。随后,原国家环保局在美国环保协会的协助下,在上海、天津、江苏、山东等地进行了"二氧化硫排放总量控制及排污交易试点"项目。2007年11月,中国在浙江嘉兴成立第一个排污权交易中心,中国排污权交易开始走向制度化,随后,国家有关职能部门批复了天津、河北、江苏等11个省开展排污权交易试点,至2013年年底,实现排污交易费用20亿元。2014年8月,国务院办公厅印发的

《关于进一步推进排污权有偿使用和交易试点指导意见》提出,到2017年将基本建立排污权有偿使用和交易制度。

此外,为实现有效的环境治理,20世纪90年代至今,中国制定了许多环境保护相关的法律法规,并出台了相应的环境监管激励措施,取得了一定的环境效果,但不十分理想。面对当前世界经济的低碳化发展的大趋势,为了兑现中国在联合国气候变化大会上的承诺和完成节能减排工作的既定目标要求,切实解决"违法成本低、守法成本高"的问题,"十一五"期间,中国开始修订相关的环境法规,提高环境约束的要求,根据发展要求也制定了许多新的环境法规、环境标准和文件,以稳步开展环境成本内部化工作。《"十二五"节能减排综合性工作方案》提出,各级地方政府要组织开展环境专项检查,督促环境成本内部化措施的落实,对于环境违法违规行为进行严肃查处。2011年12月,颁布的《国家环境保护"十二五"规划》提出,加强污染源自动监控系统建设、监督管理和运行维护,全面推进监测、监察、宣教、统计、信息等环境保护能力标准化建设,大幅提升市县环境基础监管能力,健全重大环境事件和污染事故责任追究制度。鼓励设立环境保护法庭。2016年11月24日,国务院印发的《"十三五"生态环境保护规划》明确,实现环境监管网格化管理,优化配置监管力量,实施全国环保系统人才双向交流计划。到2020年,基本实现各级环境监管人员资格培训及持证上岗全覆盖,全国县级环境执法机构装备基本满足需求。

第三节 中国环境成本内部化的政府激励政策实施中存在的问题

环境成本内部化如果仅凭市场运作,政府不施加任何的激励和约束,环境成本内部化行为主体将缺乏长期实施环境成本内部化的动力,因此,发达国家建立了提高行为主体实施环境成本内部化积极性的激励政策。进入 21 世纪,中国环境成本内部化的激励政策主要包括:价格激励政策、税收激励政策、排污权交易激励政策以及生态补偿激励政策等。由于社会经济发展对生态环境需求和压力的持续增加,中国环境成本内部化的激励政策在实际应用中也遇到一系列障碍和问题。

一、价格激励政策应用不合理

随着中国市场经济的发展,价格改革已取得重要进展,绝大多数商品和服务价格已由市场决定。但在具有公共产品性质的环境资源与能源、环境保护等领域的价格政策仍然存在着诸多的问题,价格不合理的问题仍比较突出,改革任务还相当艰巨。环境资源与能源和环境保护的合理价格对于环境成本内部化具有重要作用,能够鼓励市场供给,激励提高效率,促进社会公平,实现外部环境成本内部化。如果从这几方面衡量,中国现行的价格激励政策应用还存在不少问题。主要表现在以下几个方面。

一是环境资源与能源价格的构成与结构不合理。由于计划经济的历史原因,中国环境资源与能源的价格一直由政府定价或政府管制定价,交易价格不能有效地反映环境资源与能源的市场供给与需求关系,不能客观反映中国严重缺乏环境资源与能源的状况。在环境资源与能源的价格构成上,不能完全反映环境资源与能源开发过程中的环境污染治理成本以及生产过程中的生态补偿成本,即没有实现外部环境成本内部化,导致环境资源与能源价格偏低,催生大量的环境外部成本。在环境资源与能源的价格结构上,不能体现环境资源与能源产品间的合理比价关系,阻碍了环境资源与能源的消费结构调整。如天然气价格低,与其他能源的比价不合理,进口天然气价格与国内销售天然气价格倒挂。天然气作为一种清洁、低污染的能源,其价值被严重低估。目前国内市场天然气价格仅相当于等热值液化石油气价格的 1/4、燃料油价格的 1/3、进口天然气价格的一半左右,由此导致一系列的价格矛盾和利益问题。①

　　二是环境资源与能源价格的管制约束不合理。由于体制的制约，中国环境资源与能源产品价格的市场化水平较低，政府定价或政府管制定价扭曲了市场供求关系，由此形成的价格激励政策对生产经营与消费起不到应有的激励约束效果，甚至产生价格矛盾，如放开的煤炭市场价格与政府管制电价之间的价格矛盾等。这些矛盾已经影响到环境资源与能源行业的发展，乃至全国整体经济的发展。另外，中国环境资源与能源价格大多采用成本加成法，即在生产成本基础上加利润产生，这样的价格政策不能激励企业节能降耗，形成价格缺乏成本约束。

　　三是环境保护价格标准过低。中国污染防治领域的环境保护价格激励政策主要是排污收费制度，排污收费制度是依照"污染者付费"原则，根据国家法律和有关规定，按一定标准排放污染物或超过规定标准排放污染物的单位收取费用的制度，是中国环境成本内部化价格激励政策最直接的组成部分。现阶段，排污收费标准过低，表现在收费数额大幅度低于环境治理发生的费用。2014年9月1日，《关于调整排污费征收标准等有关问题的通知》开始实施，要求到2015年6月底前，调整排污费征收标准，对于含有二氧化硫和氮氧化物的废气排污费不得低于1.2元/污染当量；含有污染物化学需氧量、氨氮和5项主要重金属(铅、汞、铬、镉、类金属砷)的污水排污费不低于1.4元/污染当量；实施中收费方式采用差别对待的政策。全国工商联环境商会秘书长骆建华认为，理想状态是让排污费超过治污成本，如钢铁企业的二氧化硫和氨氮废物征收标准应提高到2元/公斤(相当于每个污染当量1.9元)。②

　　四是环境保护收费对象和项目不全。现行的收费政策只对超标排

---

① 参见温桂芳、张群群：《能源资源性产品价格改革战略》，《经济研究参考》2014年第4期。
② 参见王山山等：《全国排污费征收标准上调一倍》，《中国经济周刊》2014年第39期。

放污染物的企业征收排污费,对已经达标或低于排放标准的不收费,体现不出环境容量资源合理配置及有效管理的一般原则。虽然对超过标准排放污染物的收取排污费,但却不是依据环境容量或体现为其具体化的排放总量,难以刺激企业最大限度地降低污染物的排放。并且只是对废水、废气、废渣、噪声、放射性 5 类 113 项固定污染源征收排污费,没有对流动污染源收取排污费。现行排污收费制度存在的问题与不足造成的直接后果就是,排污企业的环境污染排放只要能达到环境标准要求,就可以不用考虑生态环境的容量任意排放,这在很大程度上加剧了环境污染,难以激励企业最大限度地降低污染物的排放。

此外,现行的排污收费制度还普遍存在一些不容忽视的其他问题和不足,如缺乏强制性,排污费的征管不到位。排污费的征收数额弹性较大也是基层征管过程中较为普遍的问题,排污费征管过程中很难克服地方保护,因此,有必要在环境规制政策的改革中,同步进行环境税费改革。

二、税收激励政策体系不完善

税收是环境管理中重要的宏观调控手段,对于开展环境成本内部化过程中具有较好的激励效果。庇古从现代经济学的角度出发研究了环境外部性问题,以福利经济学的审视维度,认为在国家环境政策约束下产生的私人收益率与社会收益率不对等是外部环境成本的根源,提出征收环境税就可解决环境的外部不经济。这种通过征收环境税实现外部环境成本内部化的手段即为"庇古税",环境税的征收如果达到环境的边际污染治理成本,就可以实现环境成本内部化的目标。[①]

目前中国税收管理体系中有许多起到环境成本内部化作用的税种(见表 2-1),通过这些税种的征收筹集到了一定的生态环境治理及环

---

① 参见高萍:《中国环境税收制度建设的理论基础与政策措施》,《税务研究》2013 年第 8 期。

境成本内部化的资金,但这些税种的激励导向并不是以实现环境成本内部化为最终目的,导致环境成本内部化的税收激励政策体系不完整,发挥的激励导向作用及效果有一定局限。中国现行环境成本内部化的税收激励政策存在以下几个方面的问题。

表 2-1　与环境成本内部化相关的主要税种

税种	征税范围	税率标准	征税目的
资源税	石油	5%	调控资源的级差收入,合理开发利用环境资源
	天然气	5%	
	煤炭	焦炭:8元/吨;其他煤炭不同省份执行不同的税率标准:2.3元/吨—4元/吨	
	非金属矿原矿	宝石级金刚石:10元/克拉;工业用金刚石:2元/克拉;其他非金属矿原矿:0.5元/吨—20元/吨	
	金属矿原矿	按类别和等级确认税率标准,黑色金属原矿:3元/吨—25元/吨;有色金属矿原矿:0.4元/吨—30元/吨	
	盐	固体盐:25元/吨(北方)和12元/吨(南方);液体盐:3元/吨	
消费税	烟	生产环节:卷烟36%—56%(甲类56%、乙类36%),生产环节加0.003元/支,雪茄烟36%,烟丝30%;批发环节11%	调控产品结构,实施消费方向引导,筹集财政资金
	鞭炮、焰火	15%	
	成品油	按品种执行不同的税率标准1.2元/升—1.52元/升	
	木制一次性筷子	5%	
	实木地板	5%	
土地相关税种	城镇土地使用	按分级执行不同的税率标准: 大城市执行标准　1.5—30元/平方米; 中等城市执行标准　1.2—24元/平方米; 小城市执行标准　0.9—18元/平方米; 县城及建制镇执行标准0.6—12元/平方米	强化国家对土地的管理,有效分配土地收益,调节房地产及土地交易的市场行为
	土地增值	执行四级超率累进税率:30%—60%	
	耕地占用	执行地区差别定额税率:5—50元/平方米	

资料来源:根据相关税种的实施细则及条例等政策文件整理。

（一）环境成本内部化的相关税收政策不合理

中国现行的环境成本内部化的税收激励政策体系，是在原有的税收政策上加以环境因素修改而成的，由于原有税种征税目的差异较大，无法实现协调配合的环境成本内部化的激励效果。因此，基于环境成本内部化效果来看，税收政策不合理、政策体系的系统化问题较为突出。

一是有关环境成本内部化的税收政策互不衔接。由于环境成本内部化的税收政策是在与环境有关的税种上修改而成，致使现有政策缺乏系统化设计。针对环境成本内部化系统不能协调解决生态环境的绿色发展问题，修改过程中，为了体现各税种的环境调节作用，税收体系产生了大量的优惠措施，并且通过多渠道予以实施，由于各税种的实现目标不能很好地衔接，产生了各税种的调控目标之间的矛盾，不利于充分发挥税收政策的宏观调控作用。

二是融入式的环境成本内部化税收政策阻碍了原有的政策功能。现行的环境成本内部化的税收激励政策体系，除了在原有的税收政策上修改外，还在与环境无关的税种上，为了体现环境成本内部化作用，引入了针对环境保护的税收优惠措施，这样使原有的税收制度政策功能得不到充分发挥。如增值税的环境优惠政策，将增值税按照流转过程进行抵扣的链条，在实施优惠的环节人为切断，对于增值税中性原则来说是一种倒退。另外，这样的融入影响了税制的效率，增大了征管难度，不利于简化税制的要求。

（二）环境成本内部化的税收政策效果不理想

由于现行的环境成本内部化的税收激励政策并不是重点针对环境问题设计的，而是针对循环利用、生产过程中的污染物排放和节约能源、末端环境污染治理、环保产品与技术创新等方面作出一些规定，不能从根本上解决环境污染及环境成本内部化问题，对于亟须解决环境污染问题的作用不显著。如消费税的目的是引导消费，消费税的设计是在征收增值税的范围内,有针对性地选取一些税目重新加以课税,实现消费领域针对特定目标的调控作用。现行消费税只是针对成品油、烟、鞭炮、木制一次性筷子、实木地板等少量的产品征税,实现环境保护功能,至今并没有把对生态环境产生重大影响的产品纳入消费税的征税范围,产生的环境内部化的效果并不显著①,并且消费税的征税对象及税率也不能充分体现环境保护的调节作用。

(三)缺少独立的环境成本内部化税种

基于环境成本内部化角度审视,现阶段具有直接环境成本内部化效果的调控激励手段主要是通过排污收费制度实现的。尽管多年来,政府一直致力于完善排污费的征管内容,由于排污费制度本身存在一定的缺陷,不可能与税收的环境成本内部化效果同日而语。中国当前环境污染的一个显著特征是,长距离跨界污染日益增多,由现行属地管理的排污收费政策,难以满足跨区域环境污染治理的需要。缺少独立的环境成本内部化税种的政策体系,制约了税收激励手段对生态环境宏观调控作用的发挥,也就是说中国现有环境成本内部化的激励政策有严重的制度性缺失问题,导致税收激励政策体系有效性较差。

现行环境成本内部化的税收激励政策是通过设置与环境成本内部化相关的税种体现的,对于推进中国的环境成本内部化工作起到了一定的作用,但是这些税的征收目的并不是直接针对环境成本内部化,其设置没有充分围绕环境成本内部化的因素。所以,其调控作用面及力度都达不到要求,无法保证为生态环境治理提供稳定的收入来源,难以实现环境外部成本内部化的目的。在世界各国共同应对全球环境问题的趋势下,环境税作为环境治理的有效手段,受到各国政府的广泛认同和重视。

---

① 参见苏明:《中国环境税改革问题研究》,《当代经济管理》2014 年第 11 期。

三、生态补偿激励政策效果欠佳

生态环境激励政策是通过经济激励手段约束控制与环境资源损害有关的经济行为,实现环境资源的合理配置。[①] 按照补偿主体和客体的不同,中国应用的生态补偿激励政策可以分为:政府主导的补偿激励政策、市场主导的补偿激励政策、以企业为核心的补偿激励政策。这三种生态补偿激励政策对环境成本内部化的作用都比较显著,但政策的应用实践中也有一些问题。

(一)政府主导的补偿激励政策

目前,在中国的政府管理体制约束下,政府是实施和完善环境成本内部化的生态补偿政策的主导者,在补偿激励政策实施中发挥了不可替代的作用。首先,政府作为补偿激励的出资方,通过政府转移支付、设立专项基金等措施为生态补偿提供资金。其次,在实施生态补偿激励政策的过程中,政府支付了生态补偿所需的必要费用,是成本的承担者;提供生态损失的计量和监测服务,明确生态补偿激励的标准和范围;提供必要的保障措施,维护生态补偿体系的正常运行。另外,政府作为补偿激励政策的制定者,起着决定性作用,通过制定相关法律法规保证政策的平稳实施运行。

这种类型的生态补偿激励政策的应用中,主要是利用政府的宏观调控功能,但由于过度依赖政府的权力,导致其在运用中出现了一些不理想的地方,主要问题表现在以下几个方面:一是缺乏完善的政府行为监督体系,存在权力寻租和滋生腐败的空间。现实的政策运用中,存在某些企业为了达到少支付生态补偿的费用的目的,通过贿赂有关部门的人员、向主管部门寻租,致使生态补偿标准难以达到理想的要求,也无法实现应有的生态补偿效果。二是政府调控本身在某些领域存在失

---

① 参见苏明等:《中国环境经济政策的回顾与展望》,《经济研究参考》2007 年第 27 期。

灵。市场经济理论强调市场能够调节的领域不应有外部干预才能实现最佳的经济效果,如果政府干预过多会适得其反。对于带有准私人产品属性的环境和自然资源产品,其开发过程中涉及生态破坏产生的外部环境成本属于点源污染成本,可以说较易明确环境责任主体,由此完全能够依靠市场手段完成调节,政府行政手段在这样的领域进行调节是失灵的,不会达到理想的生态效果。

(二)市场主导的补偿激励政策

经过市场化改革,中国的经济实现了飞速发展,可以说是不断加大运用市场手段的结果,因为市场手段在配置资源方面极大地提高了效率。同样,在环境政策实施中,市场手段的效率作用也很突出,因此,补偿激励政策也应注重市场手段的正确运用,建立市场主导的补偿激励政策体系也是市场经济国家环境政策的发展趋势。但就效率来说,市场主导的补偿激励政策在配置环境资源方面,会比政府主导的补偿激励政策的效果更明显,利用市场主导的补偿激励政策可以更准确评估生态补偿的定价标准,对于环境成本内部化更能起到激励效果。完善的市场为各经济主体提供了公平交易和平等竞争的平台,通过公平的交易和平等的竞争客观反映出商品的实际价值。因此,通过建立完善的市场竞争和交易体系,引入市场竞争机制,对生态补偿标准进行合理定价,使环境资源的开发使用过程中产生的外部环境成本内部化,从而实现有效的环境治理。许多发达国家的环境成本内部化的成功,都是运用了市场化的运作模式,对产权关系进行较为明确的生态补偿,比如欧盟的绿色认证技术。

由市场发展阶段的制约,这一类型的补偿激励政策在市场手段的运用中有些不理想的地方,主要问题表现在以下几个方面:一是运用的市场手段较为单一。在开发环境资源的过程中,中国很多领域实行委托代理的形式,由国家委托企业代理开发环境资源。国家拥有自然资源的所有权,通过委托代理关系,企业拥有了自然资源的所有权,两者存在着微妙的关系,由于现阶段的生态补偿标准没有进行合理定价,完全依靠市场手段难以形成合理的收益分配,无法真正解决生态环境补偿问题,实现全部环境成本的内部化,需要辅以行政手段作为保障。二是市场手段的运用不成熟。我国的市场经济体制仍有待完善,企业生产经营的市场化程度需进一步提高。因此,对于生态补偿领域运用的市场手段处于初级阶段,资源型产业在市场经济条件下,进行生态补偿处于尝试探索阶段,如何正确运用市场手段进行宏观调控是国家亟须解决的问题,建立完善的市场主导型补偿激励政策仍需进一步探索。

（三）以企业为核心的补偿激励政策

整个国家的可持续发展决定于市场经济的最基本单位,由此看来,只有企业解决了可持续发展问题,才能形成宏观层面的国家可持续发展。现阶段,中国的企业发展大多是依赖于环境资源的占有,通过对环境资源的开发,产生了后续加工产业链,可以说在这个链条上的企业都是依赖和利用区域环境资源分布,通过消耗环境资源实现其发展,根本谈不上可持续,随着环境资源稀缺的加剧,链条上的企业就会消亡。由于企业可持续发展的基础是生态环境的可持续发展,而造成生态环境的不可持续发展的直接行为主体是企业,那么企业就是生态补偿的直接责任人。另外,企业开发利用环境资源的过程中,积累了大量社会财富,有能力对生态环境实施补偿。因此,从企业可持续发展的角度,应建立完善的以企业为核心的补偿激励政策,对环境资源的开发利用全过程加以规范。

企业是生态环境资源的使用者,通过利用生态环境资源,获取经济效益,同时也对生态环境造成一定程度的污染和破坏,产生外部环境成本。同时,企业又是生态环境补偿的提供者,应该从获取的经济效益中拿出一部分作为生态补偿资金,从这个角度看,企业才是生态补偿资金的实际提供者。激励企业进行技术改进和升级,可以减少污染物排放量,降低了外部环境成本,从形式上来看,这种方式是企业自身在生产过程的技术资金投入;但从生态效果上,这种方式是以企业作为补偿主体实现的生态补偿效果。传统意义上对生态补偿的理解,关注较多的是针对已经产生的生态环境污染进行赔付,或者支付为保护生态环境产生损失的费用,往往忽视企业生产技术改进带来的生态保护效果。由于企业生产技术改进的投入,可以实现从源头上减少污染排放、降低生态环境损害。按生态补偿的本质来说,这部分投入视同为保护生态环境作出的牺牲,应对企业进行补偿激励,也可以说这种激励企业进行生产技术改进的政策就是以企业为核心的补偿激励政策,是外部环境成本内部化的有效手段。因此,明确企业在生态补偿中的核心作用,制定以企业为核心的补偿激励政策,才可以借助于企业加大技术改进和升级,实现企业和生态环境可持续发展的双重效益。

尽管以企业为核心的补偿激励政策在实现企业可持续发展方面具有显著的促进作用,有利于实现企业环境成本的内部化,但必须意识到这种补偿激励政策在应用中存在的问题,如果只一味地追求企业发展,认为完全依靠以企业为核心的补偿激励政策就可以真正达到经济绿色化发展的要求,而忽视对生态环境容量的关注,也不能实现企业和生态环境可持续发展的共赢。

通过对上述三种补偿激励政策特点及其应用中存在的问题的论述,可以看出,每种形式的补偿激励政策都对环境成本内部化都有着重要作用,但同时也存在着一定的问题与不足。因此,需要把生态补偿政策体系作为整体,系统地加以运用,充分考虑生态补偿激励过程中政府、市场、企业等相关方的利益,统筹兼顾,构建出较为全面的生态补偿激励政策系统。对于各利益相关方博弈将在第五章详细分析。

四、排污权交易政策框架尚未形成

相关法律法规建设滞后,实施排放许可证交易制度的操作依据不充分。从国家层面来说,尚未出台排放许可证交易相关法律,也没有针对排放权有偿使用的具体政策依据。在理论界有一种观点认为,排放许可证交易与《中华人民共和国行政许可法》的基本精神不一致,认为行政许可是不可交易的,否则,存在"权利交易"之嫌。

监测监管能力不足,排放计量工作还比较薄弱。排放权有偿使用和排放许可证交易都需要科学合理的监测手段和督查制度给予保障。目前,中国对污染源的监测水平还比较落后,安装自动监测设备的企业较少,不能满足排放权有偿使用和排放许可证交易对污染物排放计量和监测的需要。也就是说对于排污权交易政策的实施,政府主管部门还没有做好充分的准备,还存在一系列的问题需要深入研究和解决。比如,排放许可证如何合理发放、如何对污染物有偿使用、如何实时跟踪排放许可交易等。

排污权有偿取得和排放许可证交易的市场尚未形成。排放许可证交易目前还只是试点工作,是在生态环境部的协调和直接推动下进行的尝试,还没有形成完善的排污权交易市场,大部分的排放许可证交易可以通过一级市场的交易完成,尚没有严格意义上的二级市场产生。在这当中,环境保护主管部门具有交易规则制定者和交易中介人的双重身份;交易过程中还未产生独立的经纪人角色。

排污权有偿取得和交易价格机制远未形成。地方环境保护主管部门在目前排污权交易中发挥了主导作用,有些排放许可证交易个案都是由环境保护主管部门提出交易价格促成交易的,这样的交易价格具有很强的行政价格指导性质。如上海黄浦江水源保护区污染物的交易价格,甚至是根据环境保护部门发布固定的计算方式得出的。这些定价方式有一定的科学性,但价格未能充分反映市场的需求状况,也就不能反映市场供给平衡的因素,因而很难反映环境资源的稀缺程度。目前,所有的试点案例中都没有建立排放许可证交易市场中介机构,对交易收入的征税等也没有统一的规定。

对排污权有偿取得的认识尚未完全统一。在理论依据上,对排污权有偿取得的经济学理论方面,结合中国国情的研究还不充分,政策建议的可行性还不强。对初始排污权有偿取得与筹集污染治理资金、排污收费、排污指标有偿转让、排放许可证交易等政策还存在理论上的模糊认识。政府方面,对排污权有偿使用和排放许可证交易思想,在接受和理解上还不一致。

党的十八届三中全会公报提出,发展环保市场,推行节能量、碳排放权、排污权、水权交易制度,建立吸引社会资本投入生态环境保护的市场化机制。这为中国今后构建排污权交易制度指明了方向。在实践层面,国务院针对排污权有权使用和交易的试点工作出台了指导意见,这可以说是中国的排污权交易迈出了关键的一步,也预示着中国排污权交易政策体系框架将很快形成。

小　结

生态环境部成立后,推出来一系列环境措施,加强环境执法的力度,生态环境质量不断恶化的局面得到了一定的控制。现阶段,中国有关的环境政策缺乏系统性,尚未构建成完整的环境成本内部化政策体系,现有的环境成本内部化手段大多停留在法规制度和行政干预上,在环境战略与宏观全局上不能发挥真正意义上的调控作用。现有的环境成本内部化的激励政策虽然作出了原则规定,但应有的配套措施不能跟进,制约了激励政策作用的发挥。环境成本内部化的激励政策执行中,与某些相关部门的利益存在冲突,在利益驱动下相关部门之间的政策很难协调,造成了政策执行的混乱与政策执行的效率低下,降低了环境成本内部化政策的实施效果。

总之,现阶段采用的环境成本内部化政策及制度离生态环境的质量诉求目标还有一定的距离,具体表现在以下几个方面:

(1)综合决策机制上,由于没有有效的执行手段,也未针对综合决策管理设置高层协调部门,致使建立综合决策机制构想一直未付诸实际行动,主要通过环境污染末端治理手段实现环境成本内部化的政策效果,未能在经济决策的源头对环境成本内部化施加影响。

（2）环境管理政策体系上,未能针对众多的环境政策实施一体化建设。目前,中国制定了许多环境管理制度和政策,体现了中国政府对环境问题的重视,这些制度和政策在某些方面也取得了较好的效果,但由于未建立一体化政策体系,无法实现宏观环境政策对社会经济过程干预的预期效果,致使经济发展与生态环境管理脱节现象严重。

（3）环境政策手段的运用上,过多地强调政府行为。中国的环境管理政策与制度手段,大多以行政管制为主,不注重经济激励手段的作用,忽视了其他手段的运用,对于整体环境治理不能形成社会制衡。

总之,在市场经济体制下完善环境成本内部化机制,对中国来说还是一个新课题,需要在实践中不断探索。在建立新体制时,要根据市场机制的要求积极创新,并使环境成本内部化机制与已有的环境管理政策有机衔接起来。

第三章 环境成本内部化的
影响因素分析

　　从环境成本内部化的政府激励政策经济理论分析可以看出,环境外部性理论、环境资源价值理论、委托代理理论、激励性规制理论、契约理论、信息经济学理论、产权理论等都可以作为环境成本内部化的政府激励政策选择的理论基础,不同学者在研究环境成本内部化的政府激励政策选择时依据的理论基础不同,得出的结论可能也略有差异。然而无论基于哪种理论对环境成本内部化的政府激励政策选择展开研究,其关键点都在于对环境成本的认知。环境成本内部化理论的形成依赖于经济学对环境成本内部化研究的进展,因此开展政府激励层面的环境成本内部化政策选择研究,首先应该明确的问题是环境成本的本质及环境成本产生的影响因素。对环境成本内部化的本质及环境成本产生的影响因素认知不同,则关于环境成本内部化的政府激励政策选择诸多问题研究也会有不同的结论,因此,环境成本内部化的本质及环境成本内部化的影响因素是环境成本内部化的政府激励政策设计的基础,本章基于可拓展的随机性的环境影响评估模型(STIRPAT 模型),对外部环境成本产生的影响变量进行分析,研究现阶段对于外部环境成本加以内部化的影响因素。

第一节　外部环境成本影响因素的研究基础

改革开放四十多年来,中国的国民经济实现了快速发展、人口也相应地持续增长,同时伴随着大量的能源消耗、污染物的排放和生态环境的破坏。中国经济的高速增长实际上是依靠资源投入和能源消耗推动的高碳经济。根据国际能源署的统计数据,中国的二氧化碳排放量从2005年已经超过美国成为世界第一排放国,二氧化碳年排放量达72亿吨,占全世界排放总量的19.12%;2010年中国的二氧化碳排放量占到了全世界排放总量的22%以上,2018年中国的二氧化碳排放量约占全世界排放量的30%。在中国第四届低碳经济发展论坛上国家气候变化专家委员会副主任何建坤表示,2030年左右中国的碳排放才会达到峰值。因此,在生态环境不断恶化、中国北方城市雾霾不断出现的今天,研究中国环境成本产生的影响因素,提出环境成本内部化的政策建议,具有非常重要的意义。

国内外学者对于环境成本产生的影响因素问题,进行了许多的研究。如艾尔利希(Ehrlich P.R.)于1970年提出了用来研究人类经济活动对自然生态环境产生影响的模型。他认为,人类所排放的污染物,即人类经济活动向生态环境进行污染排放及生态环境的损害产生的环境成本,可归结为经济发展水平、人口规模因素以及生产技术水平等因素的综合作用[1],提出的IPAT方程,是研究经济活动对自然生态环境造成影响的最早研究方法。日本学者卡亚(Kaya)通过建立碳排放驱动因子分析模型,研究人口规模、经济发展水平、能源消耗与经济活动产生的碳排放之间的数量关系。他认为碳排放总量等于人口规模、经济

---

[1]　参见 Ehrlich P. R., Ehrlich A H, *Population, Resources, Environment: Issues in Human Ecology*, San Francisco: Freeman, 1970。

发展水平、能源消耗的碳排放量等因子的乘积。[①] 在传统 IPAT 模型基础上,瓦格纳和奥苏贝尔(Waggoner 和 Ausubel,2002)认为,分析自然生态环境影响的因素还应考虑单位产出的能源消费和利用程度,将 IPAT 分析模型拓展为 IMPACT 模型。[②] 随后,迪茨和约克等(Dietz 和 York 等,2003)认为,无论运用 IPAT 方程还是 IMPACT 模型分析生态环境影响的因素,都不能充分地反映自然生态环境影响因素之间函数效应关系,为了弥补这一缺陷,在 IPAT 方程和 IMPACT 模型基础上,提出了一种随机回归模型,即 STIRPAT 分析模型,用于分析环境成本的影响因素对生态环境的交互影响。中国学者李国志和李宗植(2011)通过对 70 个国家(地区)1993—2006 年的数据,运用 STIRPAT 模型,研究了世界整体及不同发展水平国家(地区)的人口规模、经济增长和技术水平对碳排放的影响。研究结果表明:世界各国由于碳排放产生的环境成本影响因素存在巨大差异,碳排放增加的主要原因归结为经济快速增长。

对于中国环境成本的相关问题,学者们也作出了大量研究。近些年,取得了许多相关的成果。林守富和赵定涛等(2009)利用 STIRPAT 模型,分析了中国人口规模、城市化建设水平、工业生产水平、经济发展水平及能源消费等因素对生态环境的影响。通过对 1978—2006 年相关数据计算,认为在研究设计的影响因素中,对中国生态环境影响最大的是人口因素,其余的影响程度依次为城市化程度、工业技术、经济发展水平。林伯强和蒋竺均(2009)利用库兹涅茨分析模型探讨了人均碳排放和居民收入水平的关系,通过对 1960—2007 年相关数据分析,

---

[①] 参见 Kaya Y., *Impact of Carbon Dioxide Emission on GNP Growth:Interprelation of Proposed Scenarios*, Paris:Presentationto the Energy and Industry Subgroup, Response Strategies Working Group,IPCC,1989。

[②] 参见 Waggoner P.E., Ausubel J.H., "A Framework for Sustainability Science:A Renovated IPAT Identity", *PNAS*, Vol.99, No.12,2002, pp.7860-7865。

证实了中国的人均碳排放与经济发展水平、单位能耗、能源消费结构和产业结构等因素之间的相互关系。研究结果表明：碳排放受经济发展水平、单位能耗、能源消费结构和产业结构的影响显著。[1] 许广月和宋德勇（2010）利用中国 1980—2007 年的碳排放量数据进行实证研究表明：碳排放同出口贸易和经济增长之间存在长期的协整关系。[2] 孙敬水等（2011）运用对 STIRPAT 模型进行扩展，并利用中国 1990—2009 年的统计数据实证研究了中国碳排放量的影响因素并分析了各因素的贡献率。[3] 丁唯佳和吴先华等（2012）利用 STIRPAT 分析模型，分析了中国制造业碳排放与人口规模、居民收入、工业生产水平等因素的关系。认为中国制造业的碳排放与人口规模、富裕程度因素具有正相关性，与工业生产技术水平具有负相关性。[4] 王钰、张连城（2015）对 1995—2012 年中国制造业产出增长与能源消费量、二氧化碳排放水平的相关性进行了分析，发现二氧化碳排放强度与制造业人均增加值呈"反 N 形"趋势，表明碳排放强度随着人均增加值的增加存在拐点，拐点以后的碳排放强度的产出弹性为负。[5]

从查阅的相关文献资料看，国内外学者的现有研究主要集中在碳排放成本方面，这对进一步探讨外部环境成本的影响因素具有一定的启发意义。但是，目前对中国产生外部环境成本影响因素的探讨受到国外研究思路的影响，大多关注经济发展水平、人口规模、单位能耗等，从排污总量角度展开探讨，站在政府的角度着眼于环境成本内部化探

---

① 参见林伯强、蒋竺均：《中国二氧化碳的环境库兹涅茨曲线预测及影响因素分析》，《管理世界》2009 年第 4 期。

② 参见许广月、宋德勇：《中国出口贸易、经济增长与碳排放关系的实证研究》，《国际贸易问题》2010 年第 1 期。

③ 参见孙敬水等：《中国发展低碳经济的影响因素研究》，《审计与经济研究》2011 年第 7 期。

④ 参见丁唯佳等：《基于 STIRPAT 模型的中国制造业碳排放影响因素研究》，《数理统计与管理》2012 年第 3 期。

⑤ 参见王钰等：《中国制造业向低碳经济型增长方式转变的影响因素及机制研究》，《经济学动态》2015 年第 4 期。

究环境成本影响因素的较少。对于生态环境来说，并不是一点污染物都不能排放，关键要看环境承载力大小，即外部环境成本的大小。而对污染排放量影响因素及环境承载力相结合产生的外部环境成本的研究则较少。本章节针对以往研究的不足，对 STIRPAT 模型进行了扩展，实证分析人口规模、经济发展水平、能源消费结构、产业结构、城市化水平、单位能耗、国际协作分工和生态吸纳能力等因素对外部环境成本的影响，探讨影响外部环境成本的主要因素，为中国制定有针对性的环境成本内部化的政府激励政策提供参考。

第二节 影响外部环境成本的变量及模型选择

环境成本内部化的本质及环境成本影响因素是环境成本内部化的政府激励政策选择研究的基础，外部环境成本主要源于污水、废气、噪声及固废的排放四个方面。从中国目前的环境管理来看，噪声污染对生态环境的破坏程度相对较小；工业生产污水基本上实现了管网收集，排入污水处理厂，通过末端治理对生态环境造成的影响较小；固废基本上也便于通过末端治理达标排放；废气的排放对生态环境的影响最大，相应产生的环境成本也难以计量，废气中的碳排放产生的环境成本占了绝大比重。因此，本书以碳排放影响因素分析环境成本影响因素。

一、变量的选择

外部环境成本基本上主要受人口、经济发展、能源消费结构、产业结构、城市化水平、国际协作分工以及单位能耗等因素的交互影响。由于本章的外部环境成本影响因素研究是为提出中国现阶段的环境成本内部化激励政策，因此，本书选取以下几个方面的指标作为分析中国外部环境成本产生的影响因素变量加以研究。

（一）人口规模

人口规模通常是指在一定时期某区域内的人口数量多少（或大小）。一般情况下，人口规模对外部环境成本具有正向影响，人口规模越大，对环境资源能源的消耗使用越多，对自然生态环境产生的改变越大，外部环境成本增加越多。但随着居民收入水平的提高，居民对优质的生态环境的需求会增加，迫使企业提高生产技术水平以改善生态环境质量。

在传统社会人们并没有过多地关注人口与环境的关系，一味地向自然索取，认为环境资源被破坏后具有完全的再生能力。实际上，人口规模对生态环境造成的压力是难以估量的，而生态环境的压力反过来又会制约人类经济社会的发展。马尔萨斯在《人口原理》中指出："人口增殖能力和土地生产力天然地不平等，而伟大的自然法则却必须不断保证它们的作用维持平衡，这是阻碍社会自我完善的不可克服的巨大障碍。"这说明人口规模的变化会导致对生产生活资料索取的变化，而生态环境承载力是一定的，这就使得人类社会发展必然受到生态环境压力的制约。

（二）经济发展水平

经济发展水平与生态环境质量密切相关。从 1990 年至 2017 年，中国的经济增长速度一直保持在 6.7% 以上，而在生态环境部环境规划院完成的《中国经济生态生产总值核算发展报告 2018》显示：2015年，我国生态破坏成本 0.63 万亿元，污染损失成本 2 万亿元。可见，经济的高速发展在给居民带来了更加丰富的物质条件的同时，人类赖以生存的生态环境遭到了严重破坏，造成了不可弥补的损失，极大推升了外部环境成本。

GDP 是国民经济核算的核心指标，人均 GDP 是一个国家经济发展水平的重要体现，本书用人均 GDP 表示中国的经济发展水平。

（三）单位能耗

单位能耗是衡量一个国家或地区经济发展质量、表征能源系统投入与产出的指标，也可以用它测定能源经济活动的效率。通常以单位GDP（或增加值）能源消费量来表示。单位能耗对碳排放的影响较大，单位能耗越高，能源效率越低，碳排放量就越大。

改革开放四十多年来，虽然中国单位能耗大幅度降低，2019年《政府工作报告》量化指标任务落实情况显示：2019年单位国内生产总值能耗下降了2.6%。但总体而言，中国高耗能、高污染的状况并没有改善，环境问题依然突出。与世界其他国家横向对比来看，中国单位能耗（按汇率计算）远高于发达国家和世界平均水平，单位能耗仍然有很大的下降空间。在其他环境成本影响因素难以调整的情况下，通过生产技术创新，提高能源的使用效率、降低单位能耗，可以认为是降低环境成本、减少环境污染的重要手段之一。因此，本书通过引入单位能耗指标进行计量分析，探讨单位能耗对环境成本驱动的贡献，以制定激励政策提高能源效率、降低环境成本。

（四）碳排放强度

碳排放强度是衡量一个国家低碳经济实现程度的重要指标，其对外部环境成本具有直接影响。碳排放强度越大，产生的外部环境成本就越大；反之外部环境成本则越小。碳排放强度主要是由能源消耗过程中的碳排放系数、能源利用效率和碳汇技术决定。

中国作为发展中大国，经济发展的方方面面都依赖于能源的投入。在这种大的经济背景下，要达到资源与环境的和谐，就必须在大量环境资源能源消耗的前提下降低碳排放强度。人们越来越意识到化石燃料、生物能源等常规能源的大量使用对环境造成的恶劣影响，随着生物质能、风能、太阳能、水能、核能等清洁能源的开发、利用和推广以及碳汇技术的发展，生产经营模式逐步向绿色、环保方向转变，能源碳排放强度下降，环境成本自然随之降低。

（五）产业结构

由于不同产业部门的能源消耗类型差异较大,导致碳排放产生的环境成本也有较大差异。产业结构变化直接影响碳排放量的变化,第二产业是碳排放的主要部门,其能源消耗量占全部能源消耗量的比重在60%以上,因此第二产业在国民经济结构中的变化在很大程度上决定了碳排放环境成本的变化。也可以说,第二产业所占比重越高,产生的外部环境成本就越大。

产业结构随着国民经济的发展不断变动,在产业结构由低级向高级演进的过程中,沿着产业顺序劳动力会依次进行转移,发展到第三产业成为国民经济的主导产业,整个社会对优质的生态环境质量需求上升,驱使外部环境成本减少。一般来说,第二产业占主导地位的国家,外部环境成本与工业产出之间具有显著的正相关关系。另外,由于各产业部门的能源消费结构的不同,第二产业的单位产出的碳排放量最大。可以说产业结构的变化应该对环境成本具有直接的影响。中国第二产业在产业结构中的比重相对于发达国家较高,推升了中国的外部环境成本相对水平。因此,本书采用工业产值占GDP的比重作为产业结构的指标进行因素分析。

（六）能源消费结构

能源消费结构指在统计期内一个国家或地区消费各种能源的数量与能源消费总量的比重,由经济发展、居民消费方式与能源资源分布状况所决定,其重要的统计方法是能源消费品种结构。

能源消费结构是引起环境成本变化的最主要原因之一,在全球低碳经济的约束下,能源消费结构趋向于低碳化,大大降低了环境成本。但是,改革开放后,中国经济处于高耗能、低效益的粗放型运行状态,1980年中国能源消费总量为6.03亿吨标准煤,到2019年能源消费总量达到48.6亿吨标准煤。在中国能源消费结构中,煤炭消费比重一般占到70%左右,经多年的结构优化,2019年煤炭消费比重仍然高达 57.7%。多年来以煤炭为主的能源消费结构,造成了中国由于碳排放产生的外部环境成本持续增长,这一状况还会在今后持续一段时间。由于目前的能源消费结构同中国的煤炭能源资源禀赋和能源生产结构有着密不可分的关系。因此,本书以煤炭消费量占能源消费总量的比重作为能源消费结构指标,分析能源消费结构对环境成本的影响。

(七)城市化水平

城市化水平指城市经济活动人口占总人口的比重,反映了一个国家的现代化发展程度。然而,伴随着城市化进程而来的不仅是人民越来越高的生活质量和越来越便捷的生活方式,还有各种严峻的环境问题。城市是人口资源的集中地,是工业生产及能源消耗的集聚区域,也可以说是产生外部环境成本的重点区域。由此说来,城市化需要更多的自然资源与能源保障其运转,大量的资源与能源的消耗不断推升外部环境成本。另外,城市人口的迅猛增长使得固体废弃物及废水排放、噪声污染日益加剧;地面硬化导致植被破坏、陆地植被覆盖率和环境吸纳能力逐年降低。由此看来,城市化水平是影响环境成本的重要因素之一,过快的城市化进程对生态环境的保护有害无益,城市化水平的提高对外部环境成本的上升具有推动作用。

(八)国际协作分工

世界经济的发展极大地推动了国际协作分工,随着国际分工的发展,各国在产业结构及能源利用等方面的差距越来越明显,发展中国家基本上依靠出口资源、能源密集型产品,而发达国家主要靠出口技术、资本密集型产品。这种国际协作分工格局导致自然资源的数量急剧降低,生态环境质量下降。从外部环境成本的积累来看,对于生产过程环境影响较大的产品,进口国可以通过环境约束减少生产此类产品,降低本国外部环境成本;出口国由于所处的分工地位只能增加生产,从而推升了本国的外部环境成本。通常把国际协作分工对某一国家碳排放的影响称之为"碳泄漏"。另外,发达国家通过关税政策鼓励发展中国家大量出口资源型产品,引起出口国过度开发资源与能源,从而增加环境成本,造成环境的不可持续性。

在目前的国际协作分工格局下,由于国际贸易产品的价格没有将对环境的损害计算进去,不能完全体现出环境成本,致使产品价格和国际贸易比较优势的扭曲,从而造成生态环境污染加重。在国际协作分工中,如果充分考虑环境外部性,协作各国实行环境成本内部化,也可以实现国际协作分工的福利效应最大化。因此,国际协作分工虽然不是环境问题产生的根本原因,但国际协作分工会影响一国经济的碳排放量,是碳排放量增加的重要驱动因素之一。由于多年来,中国出口的产品中,大多为资源、能源密集型产品,并且对外出口贸易额逐年增加。因此本书选用对出口总额与国内生产总值的比重作为国际协作分工的指标,衡量国际协作分工对中国碳排放的影响程度。

(九)生态吸纳能力

根据环境经济学理论,在不同的区域环境,单位污染物排放产生的边际环境损害不同,在区域环境容量小的地区,单位排放污染物产生的环境边际损害就大,环境容量大的地区环境边际损害就小。生态吸纳能力就是在保证生态环境可持续利用的约束下,通过生态环境自身调节与净化,所能容纳污水及污染物的最大量,它以量化形式直接表述了自然生态环境的耐受污染能力,直接影响到区域环境外部成本。

根据以上对环境成本具有重要影响的 5 个因素设计具体指标,利用扩展的 STIRPAT 模型对影响中国环境成本产生主要影响的因素及其贡献率进行实证研究。

二、扩展的 STIRPAT 模型及指标解释

20 世纪 70 年代,艾尔利希(Ehrlich)提出了 IPAT 量化模型,用以

分析人类生产及生活等活动因素对自然生态环境的影响,其模型表达公式为:

$$I = P \times A \times T \tag{3-1}$$

模型表达公式(3-1)中:I代表人类活动对生态环境的影响,可以表示由于排放污染物产生的环境成本;P代表人口规模,可以用区域人口数量表示;A代表经济发展水平,可以用人均国内生产总值表示;T代表人类活动的环境影响水平,可以用单位能耗表示。IPAT模型给出了四个因素之间的关系的概念性框架,并且结构简单、易于操作,已广泛应用到能源与环境经济领域分析环境、人口、技术和经济关系。但IPAT模型分析的变量数目有限,并且对研究环境成本影响因素的这类问题来说,所涉及或相关的变量指标还有更多,因此,如果只针对这三个因素进行研究,其研究结果不能充分、全面地反映实际的环境成本问题。

为了克服IPAT模型在研究变量数目上的局限以及自变量对因变量的等比例影响,迪特滋(Dietz)、约克(York)学者在保留了IPAT模型结构的基础上,提出了STIRPAT模型。STIRPAT模型是IPAT方程的随机形式,其表示为:

$$I_t = aP_t^{\alpha_1} \times A_t^{\alpha_2} \times T_t^{\alpha_3} \times \varepsilon \tag{3-2}$$

在公式(3-2)中:α_1,α_2,α_3分别表示人口总量、经济发展水平、碳排放强度引起环境成本改变的百分数,即经济学中的弹性系数;ε为随机误差项。由于STIRPAT模型为多自变量的非线性模型,为了满足检验影响因素对环境影响的需要,在实际应用中,一般对公式(3-2)两边取自然对数:

$$\ln I = \ln a + a_1 \ln P_t + a_2 \ln A_t + a_3 \ln T_t + \ln \varepsilon \tag{3-3}$$

由弹性系数的概念可知,公式(3-3)中的回归系数a_1,a_2,a_3表示为:解释变量与被解释变量之间的弹性关系。

为了更加全面地分析中国产生外部环境成本的影响因素,在前人

研究的基础上增加了能源碳排放强度、国际协作分工、生态吸纳能力等变量,拓展 STIRPAT 模型为:

$$I_t = aP_t^{\alpha_1} \times A_t^{\alpha_2} \times T_t^{\alpha_3} \times TP_t^{\alpha_4} \times S_t^{\alpha_5} \times ST_t^{\alpha_6} \times U_t^{\alpha_7} \times EX_t^{\alpha_8} \times XS_t^{\alpha_9} \times \varepsilon \qquad (3-4)$$

由于设计的指标变量单位不能统一出现异方差,因此将公式(3-4)两边取自然对数,扩展的 STIRPAT 模型演化为线性回归模型:

$$lnI_t = a_0 + a_1lnP_t + a_2lnA_t + a_3lnT_t + a_4lnTP_t + a_5lnS_t + a_6lnST_t +$$
$$a_7lnU_t + a_8lnEX_t + a_9ln XS_t + ln\varepsilon \qquad (3-5)$$

公式(3-4)和(3-5)中,I 为环境成本,T 表示单位能耗,TP 表示单位能耗碳排放量,S 表示工业化程度,ST 表示能源消费结构,U 表示城市化水平,EX 表示国际协作分工,XS 为生态吸收能力,ε 为随机误差项。其中 $a_1, a_2, a_3, a_4, a_5, a_6, a_7$ 分别表示各变量对应的弹性系数。扩展后的 STIRPAT 模型(3-4)、(3-5),能对发展水平和人口规模约束下的影响环境成本的因素关系进行客观的描述。

公式(3-5)是多元回归方程,由于解释变量(影响因素)数据的单位不同且大小差异较大,在分析环境成本的主要影响因素时,不能在统一的标准上加以分析。为了消除指标的差异、便于统一标准分析,本书将样本数据进行标准化处理(即以各样本数据的标准差度量各数据与其均值的差额得到新的变量)后,作为最终分析的变量。将公式(3-5)中每个变量标准化后,扩展的 STIRPAT 线性回归模型就演化为新的计量经济模型:

$$lnI_t = a_1lnP'_t + a_2lnA'_t + a_3lnT'_t + a_4lnTP'_t + a_5lnS'_t + a_6lnST'_t +$$
$$a_7lnU'_t + a_8lnEX'_t + a_9ln XS'_t + ln\varepsilon \qquad (3-6)$$

对于扩展后的公式(3-6)模型涉及的变量指标的含义及统计描述如表3-1所示。

表 3-1　各个指标名称及说明

变量名称	符号	定　义	单位
环境成本	I	排污治理费用	亿元
人口规模	P	人口总量	万人
经济发展水平	A	人均实际国内生产总值	万元/人
单位能耗	T	能源消费量与国内生产总值之比	吨/元
能源碳排放强度	TP	碳排放量与能源消费之比	%
产业结构	S	第二产业增加值占国内生产总值比重	%
能源消费结构	ST	煤炭消费量占能源消费总量比重	%
城市化水平	U	城市经济活动人口占总人口比重	%
国际协作分工	EX	出口贸易总额与国内生产总值之比	%
生态吸收能力	XS	陆地生态系统污染物吸收量	万吨

第三节　外部环境成本影响因素实证分析

由于本书以碳排放影响因素分析环境成本影响因素,在一个国家或地区的碳排放总量中,由于二氧化碳排放总量的绝大比重来源于能源消耗,因此本书将根据中国能源消耗数据及其碳排放系数计算 CO_2 排放量,然后用碳排放量与碳市场交易价格乘积表示环境成本。根据收集到的数据及扩展的 STIRPAT 模型对影响外部环境成本计量的因素进行实证分析,并进一步检验扩展的 STIRPAT 模型的合理性,并对模型的不足之处加以修正和完善。

一、数据统计及分析

根据"导言"中"数据来源"所述,本书中的环境成本用环境污染治理投资总额表示。用人均实际国内生产总值指标表示经济发展水平;用煤炭消费占能源消费的比重指标表示能源消费结构;用碳排放量与能源消费之比指标表示能源碳排放强度;用工业增加值与 GDP 之比指标表示产业结构;用城市居民与人口总数之比指标表示城市化水平;用出口贸易总额与国内生产总值之比指标表示国际协作分工;用陆地生态系统污染物吸收量指标表示生态吸收能力。本章搜集并整理了1990—2017年国家相关数据,为保证各指标之间的协调,对各指标数据按份额不变原则进行了相应处理,各指标数据如表3-2所示。

表3-2　扩展的 STIRPAT 线性回归模型的各个指标(1990—2017 年)

年份	环境成本(I)	人口规模(P)	人均GDP(A)	单位能耗(T)	能源碳排放强度(TP)	工业化程度(S)	能源消费结构(ST)	城市化水平(U)	国际协作分工(EX)	生态吸收能力(XT)
1990	642.80	114333	1592.70	5.26	22.99	0.41	0.660	0.264	3.307	2350117
1991	670.99	115823	1828.27	4.74	22.83	0.41	0.680	0.269	0.175	2350115
1992	693.62	117171	2171.20	4.03	22.43	0.43	0.696	0.275	0.173	2350097
1993	743.88	118517	2613.25	3.27	22.65	0.46	0.715	0.280	0.149	2350071
1994	801.91	119850	3258.14	2.53	23.07	0.46	0.727	0.285	0.215	2350056
1995	810.45	121121	4309.99	2.15	21.82	0.47	0.739	0.290	0.204	2350061
1996	819.42	122389	5399.76	1.94	20.82	0.47	0.746	0.305	0.176	2352866
1997	872.77	123626	6249.98	1.73	22.36	0.47	0.747	0.319	0.191	2352855
1998	840.35	124761	6858.57	1.55	22.44	0.46	0.747	0.334	0.179	2352834
1999	817.26	125786	7271.77	1.48	21.56	0.46	0.749	0.348	0.179	2352799
2000	983.86	126743	7840.97	1.39	25.07	0.45	0.750	0.362	0.207	2352722
2001	841.00	127627	8579.99	1.29	20.74	0.45	0.757	0.377	0.200	2352672
2002	981.27	128453	9495.91	1.25	22.83	0.44	0.765	0.391	0.223	2352672
2003	1152.44	129227	10442.50	1.28	23.25	0.45	0.761	0.405	0.266	2352334
2004	1441.46	129988	11899.70	1.26	25.04	0.46	0.762	0.418	3.694	2352259
2005	1561.23	130756	13965.62	1.21	24.54	0.47	0.842	0.430	0.337	2352230
2006	1647.45	131448	16313.68	1.13	23.62	0.47	0.842	0.443	0.357	2352207
2007	1771.94	132129	19355.61	0.99	23.56	0.47	0.850	0.459	0.349	2352202
2008	1925.94	132802	22522.59	0.90	23.86	0.47	0.804	0.470	0.317	2352200
2009	2016.48	133450	26082.10	0.90	22.97	0.46	0.776	0.483	0.237	2843913

续表

年份	环境成本（I）	人口规模（P）	人均GDP（A）	单位能耗（T）	能源碳排放强度（TP）	工业化程度（S）	能源消费结构（ST）	城市化水平（U）	国际协作分工（EX）	生态吸收能力（XT）
2010	1983.61	134091	29520.27	0.79	21.55	0.46	0.768	0.499	0.262	2838735
2011	2166.82	134735	34090.64	0.72	21.99	0.46	0.781	0.513	0.255	2838728
2012	2252.66	135404	38447.00	0.68	21.97	0.45	0.761	0.526	0.242	2839809
2013	2956.68	136072	42118.71	0.64	27.84	0.44	0.749	0.537	0.233	2839809
2014	3222.78	136782	45579.18	0.67	26.71	0.43	0.660	0.548	0.226	2839252
2015	8806.30	137462	49904.18	0.62	24.03	0.41	0.641	0.561	0.206	2839252
2016	9219.80	138271	53522.49	0.59	23.29	0.41	0.620	0.574	0.187	2839252
2017	9538.95	139008	59043.67	0.57	22.11	0.41	0.601	0.585	0.187	2839252

注：数据进行了保留小数点后的四舍五入处理。

1990—2017年中国环境成本和人均环境成本不断增加，人均环境成本由1990年的0.0056万元/人增加到2017年的0.069万元/人，增加了12.3倍，年均增长9.74%。如图3-1所示，环境成本和人均环境成本在27年间变化趋势几乎一致，2003年后两者也都显现快速上升的趋势。

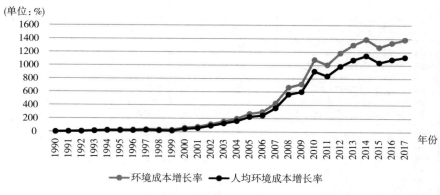

图3-1 环境成本与人均环境成本增长变化

总体上看,环境成本增长率与经济增长率走势基本保持一致。环境成本与除经济增长外的其他指标的影响关系由表3-2可以看出,1990—2017年单位能耗增长率一直为负值且其绝对值呈现逐年递减的趋势,结合能源碳排放强度增长率一直在横轴附近小幅波动的现象,说明能源强度不断减弱,使能耗量在一定程度上得到了控制。但由于环境污染治理技术水平具有相对稳定性,除非有阶段性的技术突破,一般不会有较大的变化。因此,在正常的生产条件下,各企业的能源消耗也会具有相对稳定性,其能源碳排放强度基本保持不变。在世界经济全球化的背景下,世界各国分工协作越来越紧密,相互依赖的程度也不断增加,国际贸易的变化相对于环境成本增长率变化要大,并且国际协作分工与环境成本具有负相关关系;城市化水平与外部环境成本具有一定的正相关性,但城市化水平与环境成本增长率的相关关系并不显著。

二、环境成本模型的计量分析

根据表3-2扩展的STIRPAT线性回归模型的各指标数据,计算各指标的基本变量值如表3-3所示。

表3-3　各指标的基本变量值

指　标	符　号	极大值	极小值	平均数	标准差
环境成本(亿元)	I	9539	642.8	3658.4	3448.3
人口规模(万人)	P	139008	114333	128493.7	7220.4
人均GDP(万元/人)	A	59043.67	1592.70	19295.66	17736.21
单位能耗(吨/元)	T	5.26	0.57	1.63	1.26
能源碳排放强度	TP	27.84	20.74	23.14	1.61
工业化程度(%)	S	47	41	45	2
能源消费结构(%)	ST	85	60	74	6
城市化水平(%)	U	58.5	26.4	41.3	11.0

指　　标	符　号	极大值	极小值	平均数	标准差
国际协作分工（%）	EX	369	15	46	86
生态吸收能力（万吨）	XT	2843913	2350056	2508620	232104

为了消除不同量纲和数据差异产生的影响,本书将样本数据进行标准分处理（即以各样本数据与其均值的差除以各自的标准差为模型变量）如表 3-4 所示。

表 3-4　扩展的 STIRPAT 线性回归模型的各个指标的标准分
（1990—2017 年）

年份	环境成本（I）	人口规模（P）	人均GDP（A）	单位能耗（T）	能源碳排放强度（TP）	工业化程度（S）	能源消费结构（ST）	城市化水平（U）	国际协作分工（EX）	生态吸收能力（XT）
1990	-0.87	-1.961	-0.998	2.894	-0.094	-1.71	-1.28	-1.46	3.306	-0.683
1991	-0.87	-1.755	-0.985	2.479	-0.193	-1.71	-0.96	-1.36	-0.329	-0.683
1992	-0.86	-1.568	-0.966	1.914	-0.442	-0.81	-0.64	-1.27	-0.341	-0.683
1993	-0.85	-1.382	-0.941	1.309	-0.305	0.55	-0.32	-1.27	-0.364	-0.683
1994	-0.83	-1.197	-0.904	0.719	-0.044	0.55	-0.16	-1.17	-0.282	-0.683
1995	-0.83	-1.021	-0.845	0.416	-0.822	0.99	0.00	-1.17	-0.306	-0.683
1996	-0.82	-0.845	-0.783	0.249	-1.445	0.99	0.16	-0.98	-0.329	-0.671
1997	-0.81	-0.674	-0.736	0.082	-0.486	0.99	0.16	-0.89	-0.317	-0.671
1998	-0.82	-0.517	-0.701	-0.061	-0.436	0.55	0.16	-0.79	-0.329	-0.671
1999	-0.82	-0.375	-0.678	-0.117	-0.984	0.10	0.16	-0.60	-0.329	-0.671
2000	-0.77	-0.242	-0.646	-0.189	1.201	0.10	0.16	-0.51	-0.294	-0.672
2001	-0.74	-0.120	-0.604	-0.269	-1.494	0.10	0.32	-0.32	-0.306	-0.672
2002	-0.66	-0.006	-0.553	-0.300	-0.193	-0.35	0.48	-0.22	-0.282	-0.672
2003	-0.59	0.102	-0.499	-0.277	0.068	0.1	0.32	-0.03	-0.224	-0.673
2004	-0.51	0.207	-0.417	-0.292	1.183	0.55	0.32	0.07	3.748	-0.674
2005	-0.37	0.313	-0.301	-0.332	0.871	0.99	1.60	0.16	-0.143	-0.674
2006	-0.32	0.409	-0.168	-0.396	0.299	0.99	1.60	0.26	-0.120	-0.674

年份	环境成本（I）	人口规模（P）	人均GDP（A）	单位能耗（T）	能源碳排放强度（TP）	工业化程度（S）	能源消费结构（ST）	城市化水平（U）	国际协作分工（EX）	生态吸收能力（XT）
2007	-0.08	0.503	0.003	-0.508	0.261	0.99	1.76	0.45	-0.131	-0.674
2008	0.37	0.597	0.182	-0.579	0.448	0.99	0.96	0.54	-0.166	-0.674
2009	0.46	0.686	0.383	-0.579	-0.106	0.55	0.64	0.64	-0.259	1.445
2010	1.15	0.775	0.576	-0.667	-0.990	0.55	0.48	0.87	-0.236	1.422
2011	1.00	0.864	0.834	-0.723	-0.716	0.55	0.64	0.92	-0.236	1.422
2012	1.33	0.957	1.080	-0.754	-0.729	0.10	0.32	1.11	-0.259	1.427
2013	1.56	1.050	1.287	-0.786	2.926	-0.35	0.16	1.21	-0.271	1.427
2014	1.72	1.148	1.482	-0.762	2.222	-0.81	-1.28	1.30	-0.271	1.425
2015	1.49	1.242	1.726	-0.802	0.554	-1.71	-1.60	1.40	-0.294	1.425
2016	1.61	1.354	1.930	-0.826	0.093	-2.16	-1.92	1.49	-0.317	1.425
2017	1.71	1.456	2.241	-0.842	-0.648	-1.71	-2.24	1.68	-0.317	1.425

注：数据进行了保留小数点后的四舍五入处理。

将我们收集到的数据输入 SPSS 软件采用向后回归的方法进行回归分析，输出的结果如表 3-5、3-6 所示：

表 3-5　输出结果（1）

输入/除去的变量			
模型	输入的变量	除去的变量	方　法
1	Zscore（XT），Zscore（EX），Zscore（TP），Zscore（ST），Zscore（T），Zscore（S），Zscore（A），Zscore（U），Zscore（P）		输　入
2		Zscore（A）	向后（条件：要除去的 F 的概率>=0.100）
a. 因变量：Zscore（I） b. 已输入所请求的所有变量			

表 3-6 　输出结果（2）

模型摘要								
模型	R	R²	调整后 R²	标准估算的误差	更改统计			
					R² 变化量	F 变化量	自由度 1	自由度 2	显著性 F 变化量
1	0.966ᵃ	0.991	0.987	0.116	0.991	221.067	9	18	0.000
2	0.995ᵇ	0.991	0.987	0.114	0.000	0.282	1	18	0.602

a. 预测变量：（常量），Zscore（XT），Zscore（EX），Zscore（TP），Zscore（ST），Zscore（T），Zscore（S），Zscore（A），Zscore（U），Zscore（P）
b. 预测变量：（常量），Zscore（XT），Zscore（EX），Zscore（TP），Zscore（ST），Zscore（T），Zscore（S），Zscore（U），Zscore（P）

从表 3-5、3-6 的输出结果可以看出，SPSS 软件自动筛选出了对因变量具有显著影响的自变量。随着排除统计意义不大的自变量，表中调整的 R^2 有所提高且接近于 1，同时回归方程的估计标准误差在不断减小。说明模型调整后的模型中的自变量对因变量的解释能力很强，模型 2 的拟合度也非常理想。

表 3-7 　输出结果（3）

ANOVAᵃ					
模型		平方和	自由度	均方	F	显著性
1	回归	26.758	9	2.973	221.067	0.000ᵇ
	残差	0.242	18	0.013		
	总计	27.000	27			
2	回归	26.754	8	3.344	258.426	0.000ᶜ
	残差	0.246	19	0.013		
	总计	27.000	27			

a. 因变量：Zscore（环境成本（I））
b. 预测变量：（常量），Zscore（XT），Zscore（EX），Zscore（TP），Zscore（ST），Zscore（T），Zscore（S），Zscore（A），Zscore（U），Zscore（P）
c. 预测变量：（常量），Zscore（XT），Zscore（EX），Zscore（TP），Zscore（ST），Zscore（T），Zscore（S），Zscore（A），Zscore（U），Zscore（P）

表 3-7 的输出结果(3)可以看出:随着模型的调整,均方误差在不断减少,说明自变量的调整的确为解释因变量作出了贡献,也从另一个角度证明了输出结果(2)表 3-6 中调整的 R^2 升高的原因。

从表 3-8 中模型 3 的回归系数来看,人口规模、城市化水平、单位能耗,从大到小排列依次为 3.262、3.229、0.785,即人口规模、单位能耗每提高 1%时,环境成本增长率将依次为 3.262%、3.229%、0.785%。而其他变量的系数比较小,可以忽略不计。因此,在对环境成本的影响因素中,人口规模水平影响最大,碳排放强度影响最小。同时我们从表中的显著性值大小来看,不难发现自变量 A(经济发展水平)的显著性值偏大,偏回归系数显著,其对环境成本无显著影响,在模型引入它们的实际意义并不明显,这也解释了模型 2 中排除了这两个自变量的原因。

表 3-8　输出结果(4)

系　数[a]					
模　型	非标准化系数		标准系数	t	显著性
	B	标准误差	Beta		
（常量）	−5.814E-15	0.022	—	0.000	1.000
Zscore(P)	3.262	0.991	3.262	3.291	0.004
Zscore(A)	0.132	0.249	0.132	0.531	0.602
Zscore(T)	0.785	0.324	0.785	−2.420	0.026
Zscore(TP)	0.050	0.025	0.050	1.980	0.063
Zscore(S)	0.117	0.075	0.117	1.559	0.136
Zscore(ST)	−0.110	0.096	−0.110	−1.154	0.264
Zscore(U)	3.229	0.907	3.229	3.561	0.002
Zscore(EX)	−0.141	0.030	−0.141	−1.366	0.189
Zscore(XT)	0.153	0.066	0.153	2.301	0.034

续表

系　数[a]					
模　型	非标准化系数		标准系数	t	显著性
	B	标准误差	Beta		
2	（常量）	−6.390E−15	0.021	—	0.000	1.000
	Zscore(P)	3.558	0.803	3.558	4.429	0.000
	Zscore(T)	0.861	0.285	0.861	−3.021	0.007
	Zscore(TP)	0.051	0.025	0.051	2.035	0.056
	Zscore(S)	0.129	0.070	0.129	1.862	0.078
	Zscore(ST)	−0.151	0.057	−0.151	−2.624	0.017
	Zscore(U)	3.586	0.598	3.586	6.001	0.000
	Zscore(EX)	−0.149	0.026	−0.149	−1.876	0.076
	Zscore(XT)	0.146	0.064	0.146	2.285	0.034

a. 因变量：Zscore(I)

综合以上分析，我们最终确定的外部环境成本影响因素计量的模型为：

$$\ln I'_t = 3.262 \ln P'_t + 0.785 \ln T'_t + 3.229 \ln U'_t - 0.141 \ln EX'_t + 0.153 \ln XT'_t - 5.814\,E{-}15$$

$$(3-7)$$

第四节　影响环境成本内部化的因素

通过对扩展的 STIRPAT 线性回归模型实证研究可以看出，产生外部环境成本的主要影响变量有：人口规模、国际协作分工、单位能耗、人均 GDP、产业结构、能源消费结构、能源碳排放强度。针对这些产生外部环境成本的影响变量，现阶段，在人口规模约束下对于外部环境成本加以内部化，主要有以下几个方面的影响因素。

一、环境规制

环境规制是为了纠正环境污染的负外部性,社会公共机构对微观经济主体实施直接的或间接的环境规制手段加以约束、干预,通过改变市场资源配置以及企业和消费者的供需决策来内化环境成本,提高经济绩效,从而实现保护环境,最大化增进社会福利的新的制度安排。①从环境规制的目标来看,使环境污染的外部性内部化,以保护环境,增进社会福利为基本目标。具体来讲,应是尽可能消除污染,而非消灭污染,即通过规制,使环境污染处于环境容量可容纳范围之内。改革开放以来,全国人大制定了多部环境和自然资源保护相关的法律,现行法律有 23 部,如表 3-9 所示。已经制定了环境保护部门规章和规范性文件近 200 件,这些有关环保的法律法规涉及各行各业的方方面面,符合中国国情的环境保护法律体系更趋完善,为实施环境成本内部化奠定了法律基础。

表 3-9　我国相关环境和自然资源保护的现行法律

编号	法律名称	颁布时间	现行版本修订时间
1	中华人民共和国海洋环境保护法	1982 年 8 月 23 日	2017 年 11 月 4 日
2	中华人民共和国水污染防治法	1984 年 5 月 11 日	2017 年 6 月 27 日
3	中华人民共和国森林法	1984 年 9 月 20 日	2019 年 12 月 28 日
4	中华人民共和国草原法	1985 年 10 月 1 日	2013 年 6 月 29 日
5	中华人民共和国渔业法	1986 年 7 月 1 日	2013 年 12 月 28 日
6	中华人民共和国煤炭管理法	1986 年 8 月 29 日	2016 年 11 月 7 日
7	中华人民共和国矿产资源法	1986 年 10 月 1 日	2009 年 8 月 27 日
8	中华人民共和国土地管理法	1987 年 1 月 1 日	2019 年 8 月 26 日
9	中华人民共和国大气污染防治法	1987 年 9 月 5 日	2018 年 10 月 26 日

---

① 参见赵敏:《环境规制的经济学理论根源探究》,《经济问题探索》2013 年第 4 期。

续表

编号	法律名称	颁布时间	现行版本修订时间
10	中华人民共和国野生动物保护法	1989 年 3 月 1 日	2018 年 10 月 26 日
11	中华人民共和国环境保护法	1989 年 12 月 26 日	2014 年 4 月 24 日
12	中华人民共和国水土保持法	1991 年 6 月 29 日	2010 年 12 月 25 日
13	中华人民共和国农业法	1993 年 7 月 2 日	2012 年 12 月 28 日
14	中华人民共和国固体废物污染环境防治法	1995 年 10 月 30 日	2020 年 4 月 29 日
15	中华人民共和国噪声污染防治法	1996 年 10 月 29 日	2018 年 12 月 29 日
16	中华人民共和国气象法	1999 年 10 月 31 日	2016 年 11 月 7 日
17	中华人民共和国清洁生产促进法	2002 年 6 月 29 日	2012 年 2 月 29 日
18	中华人民共和国水法	2002 年 10 月 1 日	2016 年 7 月 2 日
19	中华人民共和国环境影响评价法	2002 年 10 月 28 日	2018 年 12 月 29 日
20	中华人民共和国放射性污染防治法	2003 年 6 月 28 日	2003 年 6 月 28 日
21	中华人民共和国循环经济促进法	2008 年 8 月 29 日	2018 年 10 月 26 日
22	中华人民共和国环境保护税法	2016 年 12 月 25 日	2018 年 10 月 26 日
23	中华人民共和国土壤污染防治法	2018 年 8 月 31 日	2018 年 8 月 31 日

在环境成本内部化实施过程环境规制手段可以使企业生产经营中环境污染的支付价格上升,企业在利益驱动下调整污染行为。当环境规制强度增大到一定数值时,高污染企业要么进行异地转移,要么加大末端治理或生产技术更新,减少污染排放,这样可以实现区域的产业结构优化,进而实现能源消费结构调整、能源碳排放强度降低。环境规制强度的增加对于所有的环境污染物排放指标,均具有显著的降低作用,因此,环境规制对于调整产业结构也具有显著效果,也是进一步实现环境成本内部化的必要手段。

不同的环境规制方式对于调整产业结构、能源消费结构、能源碳排放强度具有显著差异的影响,这就要求政府在增强环境规制强度的同时应更注重环境规制的方式。如果无限制地增加环境规制的强度,污染企业的内部化成本会对企业形成负担,负担过重只能进行转移,这样会严重地阻碍区域经济的发展,甚至可能出现无法提供环境治理资金的情况,所以,应采取适度的环境规制方式作为环境成本内部化的手段。目前,在中国实现经济增长的过程中出现了生态环境问题也是现阶段无法避免的,经济发达国家也曾经历过经济发展带来的环境问题。现在解决所面临的环境问题,最好的途径之一就是实行适度的环境规制,促进产业结构调整,通过产业结构调整实现经济与环境的协调发展。在今后的一段时期内,环境成本内部化与产业结构优化将成为中国新常态经济的主要目标。由于中国的区域经济发展的差异性较大,国家环境成本内部化政策也应采取差异化的环境规制强度,因此,针对环境发展要求对各省制定合理的环境目标,由各省根据目标要求结合当地具体情况,采取最适合本地区的环境规制政策。环境规制的制定与实施不是目的,最终目的是解决环境的外部不经济问题,这样看来,在制定环境规制政策时应考虑从污染的源头施加影响,以减少末端环境治理成本,所以,环境规制政策的制定应本着改变以前"污染末端治理"的环境保护思维,实现向"源头污染预防"的环境成本内部化方式转变,促进产业结构的优化升级,最终实现生态环境质量改善与产业结构升级的双赢。

通过以上论述可以看出,环境规制是解决环境外部不经济的重要工具,对于实现企业的环境成本内部化具有很强的激励约束作用,其有效实施也是政府解决外部性的职能所在。环境规制的实施过程是在国家环境规制政策下各利益相关者的博弈过程,各利益相关者都希望通过环境规制实现自己的最大化利益。政府作为博弈中的一方,在公众诉求的压力以及国际发展约束下,实现经济和生态环境的协调发展是其最大的利益诉求,如何通过博弈实现这一诉求也是学术界研究的重点。对于环境成本内部化的实施过程中的博弈问题将在第五章详细论述。

二、外贸政策

国际贸易虽然不是外部环境成本产生的根本原因,但是在外贸政策下进出口的产品及服务的价格如果不能充分体现其环境成本,便会导致市场失灵,由此影响到生态环境质量,可以说国际贸易是外部环境成本的原因之一。国际贸易政策是干预经济发展的重要手段之一,政府为实现经济发展目标而制定的外贸政策,往往会使市场结构发生扭曲,忽略进出口贸易中的环境资源因素,导致全部的环境成本不能计入进出口贸易中,加剧生态环境质量的恶化。因此,外贸政策必须将由于国际贸易导致的外部环境成本内部化,促进环境资源的合理使用和生态环境质量的改善,这将对国际贸易的福利效应产生重要影响。

如果一国的外贸政策允许进口生产过程环境污染严重的产品,由于该产品的进口将使国内减少该产品生产,因而对国内生态环境质量的影响减弱,即产生的外部环境成本降低,该国的生态环境状况将得以改善,社会福利水平将提高。可以通过图 3-2 说明这一结论,Q_0 为 P_0 价格时产品生产和消费的均衡数量,如果外部环境成本不存在,此时社会净福利水平为面积 abo,即生产者剩余与消费者剩余之和。如果存在外部环境成本,社会福利水平就要扣除外部环境成本 aco,此时社会净福利水平是面积 abo-aco。假定国内将外部环境成本内化到产品价格中,产品的价格提高到 P_A,外部环境成本减少,社会福利水平增加 OCAB,此时,边际成本增加,造成生产者剩余与消费者剩余之和减少 OAB,社会福利水平的增加量为 COA。

如果一国允许生产环境污染严重的产品,国家实行鼓励出口的外贸政策,如出口退税政策,一方面,由于生产过程环境污染严重的产品出口数量增加,生产者剩余会增加,从而社会福利水平增加;另一方面,由于生产过程环境污染密集型产品生产数量的增加,由此产生的外部

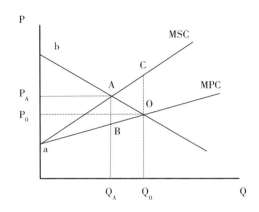

图 3-2 进口国福利效应分析图

环境成本增加,带来生态环境质量恶化,又会使社会福利水平降低。因此,社会净福利水平具有不确定性,由出口企业收益和外部环境成本之和决定。如果国家实行不鼓励出口的外贸政策,实施环境成本内部化,会使生产过程环境污染严重的产品生产成本升高,企业将减少生产数量,生产者剩余会减少,外部环境成本也会相应地减少。因此,社会净福利水平也是不确定的。

通过图 3-3 说明外贸政策对环境成本内部化的影响。假定一国是生产过程环境污染严重产品的出口国,在不考虑外部环境成本的情况下,Q_0 表示国内的生产消费数量、P_0 表示国内的价格,如果不存在外部环境成本,社会福利水平为 abo;如果存在外部环境成本,此时社会净福利水平是面积 abo-aco。

在外贸政策不考虑外部环境成本的情况下,世界市场价格 P_B 高于国内价格 P_0,如果出口该种商品,生产将增加到 Q',国内消费减少为 Q_0^*,出口数量为 $Q'-Q_0^*$,由于相对较高的出口价格导致生产者剩余增加 $P_0 P_B GO$、消费者剩余减少 $P_0 P_B HO$,由于增加产量造成的外部环境成本 CFGO,此时社会福利水平为 abHB-BFG。由此看来,不考虑外部环境成本的外贸政策,最终社会福利不确定,社会福利水平由需求曲线

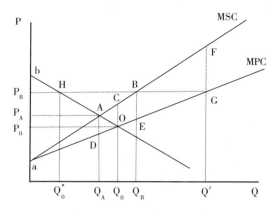

图 3-3　出口国福利效应分析图

和供给曲线的斜率决定。在外贸政策考虑外部环境成本的情况下，产品出口数量会减少到 $Q_B-Q_0^*$，此时社会福利水平为 abHB，比不考虑外部环境成本的外贸政策下社会净福利增加了 BFG。因此，在绿色发展理念下，制定外贸政策不能单纯利用传统贸易理论衡量贸易利益，必须对外贸政策效应产生的外部环境成本及其内部化后的社会福利水平加以考虑。

三、排污权交易

新古典经济学认为，环境规制能够在短期内对环境成本内部化产生较快的效果，但会增加企业的负担，直接影响产品的国际竞争力，不利于区域经济发展。排污权交易是在控制环境污染总量的基础上，以生态环境的可持续发展为前提，将排污权作为生产要素纳入市场体系，对生态环境资源进行有效的市场配置。由此，可以将外部环境成本核算为企业内部成本，摊到产品中构成产品的全部成本，直接影响到企业的经营决策，实现企业自觉减少环境污染排放的目的，缓解生态环境资源的供需矛盾。排污权交易在学术界被认为是最有效的环境成本内部化方法。

　　排污权交易有效实施的前提是企业治污水平存在差异,即不同企业的边际治污成本大小不同。对于污染治理成本较低的企业通过内部污染治理,减少环境污染排放量,然后将剩余的排污权出售实现获益;对于污染治理成本高于购买排污权成本的企业,通过购买排污权节约污染治理成本实现获益。假设环境污染由企业 A 和企业 B 构成,排污权交易效应如图 3-4 所示:横轴表示排污减少量,纵轴表示排污权交易价格和企业污染治理边际成本;企业 A 和企业 B 的边际治污成本曲线分别由 MC_A 和 MC_B 表示。

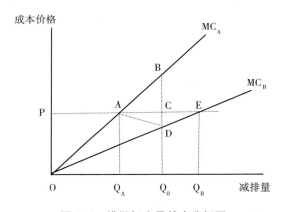

图 3-4　排污权交易效应分析图

　　图 3-4 中企业 B 的边际治污成本低于企业 A,假如企业 A 和企业 B 在内部化外部环境成本要求下均需治理污染物 Q_0。当排污权价格为 P 的情况下,由于治理污染物边际治污成本的差异和经济利益的驱动,企业 A 会减排 Q_A,然后以价格 P 在市场上购买其他企业多出的排污权。假定 $Q_B-Q_0=Q_0-Q_A$,即企业 B 排污权剩余正好满足企业 A 的需求,企业 A 支付费用 Q_0CAQ_A 换取企业 B 排污权 Q_0-Q_A,可少支付污染治理费用 ABC。相应地,在企业 A 以价格 P 购买在利益驱动下,企业 B 实施环境成本内部化,减排量达到 Q_B,通过排污权市场将多余排污权 Q_B-Q_0 以价格 P 出售给企业 A,获益 CDE,此时两个污染企业

都满足减排水平 Q_0 的要求。由图 3-5 可以看出：

满足减排水平 Q_0 的要求，不进行排污权交易社会污染治理成本为：

$$TC = OAQ_A + OEQ_B \qquad (3-8)$$

公式（3-8）中 OAQ_0 为企业 A 污染治理的成本，ODQ_0 为企业 B 污染治理的成本。

满足减排水平 Q_0 的要求，进行排污权交易社会污染治理成本为：

$$TC = OBQ_0 + ODQ_0 \qquad (3-9)$$

公式（3-9）中 OBQ_0 为企业 A 污染治理的成本，ODQ_0 为企业 B 污染治理的成本。

由此看来，实行排污权交易可使社会污染治理成本降低 ABD，企业 A 获益 ABC，企业 B 获益 CDE（也即 ADC）。

因此，实行排污权交易，能够提高整个国家的经济产出，使外部环境成本降到最低水平，可以改变外部环境成本的内部化配额，加大生态环境的均衡性，改善生态环境质量。在外部环境成本总量确定的情况下，排污权交易可使外部环境成本在污染企业之间合理承担，既有利于企业主动内部化环境成本，又避免造成资源的闲置和浪费。排污权交易可以改善中国目前排污权的低效配置状态，缓解环境资源的供需矛盾，可以说排污权交易是中国现阶段环境能源强约束下进行生态文明建设，实现绿色发展的最佳途径。[①] 然而，排污权交易会产生交易成本，要想实现排污权交易的波特效应，就必须建立配套的激励政策，提高环境技术效率，使企业污染治理边际成本降低。

四、环境技术效率

多年来，中国的经济发展主要依赖于工业化的发展，工业发展模式

---

① 参见涂正革、谌仁俊：《排污权交易机制在中国能否实现波特效应》，《经济研究》2015 年第 7 期。

是靠消耗自然资源的粗放式发展,这样的发展模式产生的环境污染沉淀,积累了大量的外部环境成本。如果抑制工业的发展,虽然能够降低环境污染排放量的增长,但不能从根本上改变耗费环境资源与能源严重的状况。要想彻底改变这一现状,关键是通过提高技术效率,充分地利用环境资源与能源,提高环境资源的利用效率。目前国际先进的生产技术强调清洁生产和资源的循环利用,也可以说清洁生产和资源的循环利用技术是实现环境成本内部化的关键,污染治理技术是实现环境成本内部化的保障。

国内外学者普遍将环境技术效率作为评价微观经济主体环境成本内部化水平的手段,生产技术的进步必然带来自然资源利用率的提高,从而节约自然资源,提高能源利用效率。同时,绿色生产技术的创新会促进工业行业清洁生产水平的提高,从微观经济主体使用更清洁的能源和先进的环保设施,也有利于减少外部环境成本,这些都是和环境技术效率直接相关的,因此,可以认为环境技术效率是环境成本内部化的重要影响因素,其效率的高低决定了改善生态环境质量的水平。

由于行业间的环境技术效率差异较大,各个行业对先进环境技术的认识度及获取意愿存在较大差异,相同规模不同行业的工业企业所产生的外部环境成本存在的差异较为显著,拥有较高环境技术效率的工业生产活动所产生的外部环境成本,必然会低于环境技术效率较低的工业生产活动所产生的外部环境成本。因此,环境技术效率差异是导致环境成本内部化效率差异的主要因素之一,环境技术效率决定着工业企业的环境成本内部化水平。

随着可持续发展的提出和环境保护不断得到重视,环境成本内部化已经成为经济生产活动中必不可缺的一部分。在此背景下,工业行业的环境技术效率会呈现逐渐提高的趋势。由于环境成本内部化激励强度的不同,同一行业环境技术效率的提高速度是不同的,并且即使在同一环境成本内部化激励强度下,不同行业激励强度的差异也会导致工业行业环境技术效率的提高有所不同。郑宝华等通过实证探究全要素生产率问题,认为在中国低碳经济发展背景下技术进步率的变化决定全要素生产率的变动。[①] 近年来,在中国对于节能减排的投入不断增加,其效率不断上升,深层次的原因在于环境技术发展。[②] 以上效率的规律对于环境成本内部化效率,可以认为,环境技术效率的提高主导着环境成本内部化效率的变动。环境成本内部化效率的提高依赖于环境技术效率的提高。

五、公众参与

公众参与环境成本内部化属于环境保护行为,在一定条件下公众参与的行动包括:公众日常生活中的环保习惯、针对企业的超额外部环境成本进行的环保投诉、积极参与环保的公益宣传活动。这些参与行为强调的是公众集体行为,其行为后果表现为参与人员数量,所以,行为参与的人数与积极性会直接影响到环境成本内部化的效果。公众参与的积极性主要取决于公众期望,就是人们对社会环境和生存环境有了需要并看到可以满足的目标时,就会在需要的驱使下在心里产生一种欲望,这种欲望表现为获得政府环保奖励的动机、身体健康带来的受益、生活质量提高以及参与环境保护的成本等。从经济学的分析来看,公众参与行为是经济行为,公众参与环境成本内部化的行为可以认为是群体环境意识的反应,这一群体行为中每一个个体的行为都可以认为是微观经济主体的理性行为。由此说,公众参与行为是合作行为,存在异质性,是否能统一参与各种环境成本内部化的活动取决于参与行为的利益得失。

---

① 参见郑宝华等:《基于低碳经济的中国区域全要素生产率研究》,《经济学动态》2011 年第 11 期。
② 参见孙欣:《省际节能减排效率变动及收敛性研究——基于 Malmquist 指数》,《统计与信息论坛》2010 年第 6 期。

　　生态问题的根源在于外部环境成本效应扭曲产品的市场价格,导致生态环境资源不能由市场有效配置,长期积累形成了现今严重的生态环境问题。在问题的形成过程中,公众参与环境保护的积极性不高也是重要的影响因素。随着公众的环境保护意识不断提高,投身环保、积极参与,对于环境政策的执行与生态环境的改善具有极大的促进作用,公众参与也被理论研究者作为变量引入环境政策的研究中,已成为生态环境质量水平提升的关键性指标,也可以说公众环保的参与行为是衡量国民素质的重要环节,是政府环境作为的推动器,并能对政府环境政策执行及环境治理行为进行有效的监督。对于环境成本内部化工作来说,属于环境治理的重要组成部分,其政策制定与执行决策者固然重要,但对于政策的执行及效果公众的参与更为重要。公众参与对政府决策能够产生影响作用取决于公众的群体效应,这是一种由下向上的后发效应影响。

　　公众的参与行为有赖于政府为其设计的奖励和惩罚机制,通过调动公众参与的人数达到监督企业行为的目的。其实质也就是在这种激励约束框架下调动更多的公众参与环保,即促使公众参与由个体行为向群体行为转化,这样才能监督企业的排污行为,使其选择不排污的环保行为。公众参与的人数和参与的成本是其中很重要的影响因素,政府制度选择的一个目标应是调控公众参与的人数和参与的成本。[1]　各级政府进行环境成本内部化项目针对的都是重点环境问题,而这些重点环境问题也是公众环境诉求的核心,最终能否有效解决,直接影响到公众利益,只有公众参与才能取得最佳效果,并且在环境成本内部化过程中,公众参与也具有约束政府和监督企业行为的重要功能,如图3-5所示。

　　公众参与是协调人与生态环境相互关系的实践活动,是公众为保

---

[1]　参见王凤:《公众参与环保行为的影响因素及其作用机理研究》,西北大学博士学位论文,2007年。

117

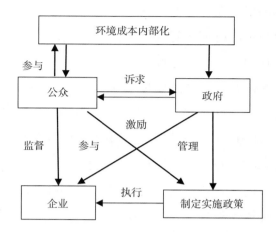

图3-5 公众参与环境成本内部化功能图

护环境而不断调整自身经济活动和社会行为。对于公众个体,主动参与环境成本内部化行动取决于对生态环境关系的评价与认识,参与的动力来源于收益(可以享受更优质的生态环境和生活质量),这些收益对于公众个体的效用存在差异且有一定的外部性,存在其他个体"搭便车"现象,仅靠少数人的参与行为,难以起到应有的作用。所以,为了有效发挥公众参与环境成本内部化的作用,可以通过成立民间组织提高个体的环境认识,统一个体的差异化行为汇成群体行为,使公众积极参与环境成本内部化建设,提高整个社会的环境成本内部化程度。

小　　结

在全球低碳经济发展的要求下,环境成本内部化已经成为当今国际社会的发展趋势。中国作为发展中国家,经济增长是现阶段保证本国居民生存与发展的基础,如果大幅减少碳排放量,势必会影响居民生活水平。因此,中国必须权衡环境成本内部化与经济发展的关系,在确保经济发展不受影响的条件下,要求企业外部环境成本内部化,实现经济发展与环境成本内部化的双赢。

　　本章充分考虑了影响环境成本产生的主要变量,对 STIRPAT 模型进行了扩展,建立了外部环境成本影响因素计量的模型,利用中国1990—2014 年的面板数据,定量分析了人口规模、国际协作分工、产业结构等因素对外部环境成本的影响。在环境成本的影响因素中,人口规模水平影响最大,碳排放强度影响最小;城市化水平和环境吸纳能力对环境成本无显著影响。由外部环境成本影响因素计量模型的回归系数可知,人口规模、国际协作分工、单位能耗、人均国内生产总值,从大到小排列依次为 0.927、0.651、0.511 和 0.226,即人口规模、国际协作分工、单位能耗、人均国内生产总值每提高 1% 时,环境成本增长率将依次为 0.927%、0.651%、0.511%、0.226%,其他变量的系数比较小。针对产生外部环境成本的影响变量,提出了在人口规模约束下对于外部环境成本加以内部化的主要影响因素包括:环境规制、外贸政策、排污权交易、环境技术效率和公众环境意识。

第四章　环境成本内部化的政府激励政策相关方博弈分析

随着生态、资源和环境等问题的日益突出,经济发展与生态环境保护政策的矛盾与争论日趋激烈。经济学家普遍认为,生态环境质量是世界各国的公共产品,所有成员在消费过程中都希望免费使用,由于市场失灵出现环境污染行为的外部性,最终致使排污积聚,严重地超出了生态环境的承载能力。也可以说,生态环境损害、资源和环境矛盾是由于排污积聚产生的环境成本的外部性造成的。因此,消除环境成本的外部性,实施环境成本内部化政策是解决环境问题的重要途径。

环境成本内部化政策的实施过程中会牵涉到各主权国家、主权国家内部各级政府、生产企业以及居民等诸多相关方的利益,由于利益目标的冲突使得环境成本内部化政策的各利益相关方之间都存在博弈关系。因此,环境成本内部化政策实施过程的每个环节都伴随着利益相关方的博弈,不断提出各自的环境价值诉求。本章在总结前人研究的基础上,通过建立博弈模型,分析环境成本内部化政策的主要利益相关方行为的博弈过程,探讨实施环境成本内部化政策过程中各方的环境诉求及其策略选择,探究各利益相关方的均衡条件,为政府设计适度的环境成本内部化激励政策提供理论支持。

第一节 环境成本内部化的政府激励政策 博弈分析基础

博弈论是用来研究竞争性局势下多个参与者根据自身掌握的信息选择最利于自己的行为的决策理论，也被称为冲突分析理论，最早产生在 20 世纪 50 年代，属于应用数学研究的一个分支。博弈论在涉及利益冲突的参与者行动中，能够为参与者制定决策提供科学依据，已发展成为主流经济学的核心内容。

环境成本内部化博弈分析是探究环境政策约束下，环境成本内部化博弈参与者选择实施自身获得最大化利益的行为策略。环境成本内部化博弈分析需要从环境成本内部化实施过程中提取基本特征，根据获得的特征信息构建拟合数学模型，进而探究对于全部博弈方的最优结果。所谓最优结果是参与博弈的局中人经过博弈实现的某种状态，这种状态是某博弈主体实施了策略选择，其余博弈主体均不能通过改变策略选择实现其他结果，而达到的均衡结果。

一、环境成本内部化的政府激励政策博弈模型

在环境成本内部化政策的博弈中，有五个基本要素：参与者、策略、信息、收益、均衡。五个基本要素中的参与者、策略、信息、收益共同约束了博弈规则。

（1）参与者，是指在博弈中，独立决策且能独立承担结果的理性主体，通过行动策略的合理选择追求自身利益的最大化。其数量有两个或以上，针对不同的博弈类型会有所不同。根据参与者的数量，博弈可分为二人博弈（博弈只有两个参与者进行）和多人博弈（博弈在三个及三个以上参与者之间展开）。

（2）策略，是指博弈中完整的参与者行动方案，也称策略集，任何

一个参与者决策时可供选择行动方案有多个。

（3）信息，是行动方案的选择依据，包括博弈方拟采取行动方案及选择某种策略后各参与者获得的收益情况，表示各博弈参与者的特性。在环境成本内部化的各博弈方策略选择时，一般对其他博弈方的行动方案选择的策略不能完全获知。

（4）收益，指参与者都选定自己的策略后，各博弈参与者得到的效用（一般可量化）。博弈各方的收益大小取决于所有参与者的策略形成的均衡。

（5）均衡，指所有参与者选定利益最优策略的情况下，形成的最佳策略组合，即某博弈主体实施了策略选择，其余博弈主体均不能通过改变策略选择实现其他结果的状态。通常情况下，环境成本内部化博弈中，企业作出的环境成本内部化策略的选择就是博弈方的均衡结果。

博弈分析中常用的有三种描述博弈模型，都可以用标准的博弈模型来描述，标准的博弈模型可以表示为：$g = \{Pl, Str_x, Utl_x\}$，其中：Pl 表示博弈的参与者，$Pl = \{1, 2, \ldots, n\}$；Str_x 表示各博弈参与者可以选择的策略 $x \in Pl$；Utl_x 表示各博弈参与者的收益函数 $x \in Pl$。进行有限博弈分析可以采用收益矩阵的形式，如表 4-1 所示。

表 4-1　囚徒困境收益矩阵

囚徒A ＼ 囚徒B	A 沉默	A 认罪
B 沉默	−1, −1	0, 10
B 认罪	−10, 0	−5, −5

对于动态博弈，也可以用扩展形式表示，扩展形式可以描述更多的信息，扩展博弈模型可以表示为：$g = \{Pl, Order, Str_x, In, Pro, Utl_x\}$，其中：$Pl$ 表示博弈的参与者，$Pl = \{1, 2, \ldots, n\}$；$Order$ 表示参与者采取行动的顺序；Str_x 表示各博弈参与者可以选择的策略 $x \in Pl$；In 表示参与者的信息空间，即参与者采取行动前得到的信息；Pro 表示策略的选择

概率;Utl$_x$表示各博弈参与者的收益函数 x ∈ Pl。进行多人有限博弈分析可以利用博弈树描述扩展博弈模型;采用特征函数进行合作博弈分析。

在建立环境成本内部化博弈模型时,由于博弈要素和环境利益诉求目标的差异,建立的模型有所不同,但建立模型的思路基本一致,都是在共同假设条件和约束前提下,构建参与者的收益函数,求出其效用最大化时的策略。

二、环境成本内部化的政府激励政策博弈均衡

博弈论在分析复杂的社会经济现象时,需要从中抽象出基本的元素设定变量,把错综复杂的现实关系数学化、理论化,并利用其中的逻辑针对变量构建数学模型描述现象,在此基础上引入其他的影响因素进行分析,从而获得社会经济现象的分析结果。根据参与者决策的顺序和参与者对其他参与者信息的了解程度,可以把博弈分为四种博弈类型及对应均衡,博弈类型及对应均衡如表4-2所示。

表4-2　博弈类型及对应均衡组合表

信息类型 博弈状态	不完全信息	完全信息
动态博弈	不完全信息动态博弈 完美贝叶斯纳什均衡	完全信息动态博弈 子博弈完美纳什均衡
静态博弈	不完全信息静态博弈 贝叶斯纳什均衡	完全信息静态博弈 纳什均衡

下面对这四种博弈类型的基本概念进行简单论述。

（一）完全信息静态博弈解释与纳什均衡解析

对于完全信息静态博弈构成应该有三个基本要素（参与者、策略、收益）：

（1）参与者,是参与博弈的局中人,通常记作 N = {1,2,3,...n} 表示

参与者集合。

（2）策略，是指博弈中完整的参与者行动方案，也称策略集，如果若用 s_i 表示第 i 参与者的行动方案，那么第 i 参与者的行动方案构成的策略（策略空间）可表示为：$S_i = \{s_i\}$，策略组合可用 n 维向量 $s = (s_1, s_2, s_3, \ldots, s_n) = (s_i, s_{-i})$ 表示，其中 $s_{-i} = (s_1, s_2, \ldots, s_{i-1}, s_{i+1}, \ldots, s_n)$ 表示其他博弈参与者的策略。

（3）收益，指参与者都选定自己的策略后得到的效用（一般可量化）。参与者 $i \in N$ 的收益函数可用数学语言表示为 $u_i = u_i(s_1, s_2, s_3, \ldots s_n) = u_i(s_i, s_{-i})$。

因此，有 n 个人参与的完全信息静态博弈可以表示为：

$$g = \{S_1, S_2, S_3, \ldots, S_n; u_1, u_2, u_3, \ldots, u_n\} \qquad (4-1)$$

如果对于参与者 i 的策略 s_i^* 是给定其他参与者选择策略 $s_{-i} = (s_1, s_2, \ldots, s_{i-1}, s_{i+1}, \ldots, s_n)$ 的最优策略，即：对每一个参与者 $i \in N$，s_i^* 是 $s_i^* \in \text{argmax}_{s_i \in S_i} u_i(s_1^*, \ldots, s_{i-1}^*, s_i^*, s_{i+1}^*, \ldots, s_n^*)$ 问题的解，则完全信息静态博弈（4-1）的纳什均衡，可由策略组合表示为：$s_i^* = (s_1^*, \ldots, s_{i-1}^*, s_i^*, s_{i+1}^*, \ldots, s_n^*)$。

（二）完全信息动态博弈解释与子博弈完美纳什均衡解析

完全信息动态博弈是指所有参与者采取策略或行动具有先后时间序列性，后选择策略的参与者可以完全获得先行动参与者选择的策略或行动的信息。子博弈属于原博弈的一部分，博弈的子博弈由一个决策结和该决策结的所有后续结组成，需要满足两个条件：一是，子博弈必须开始于某一个单结信息集；二是，子博弈的信息和收益必须承接原博弈。

子博弈完美纳什均衡是在原博弈的基础上演绎而来的，又称为扩展型博弈均衡。如果完全信息动态博弈的策略空间 $s_i^* = (s_1^*, \ldots, s_{i-1}^*, s_i^*, s_{i+1}^*, \ldots, s_n^*)$ 为原博弈的纳什均衡，并且是每个子博弈的纳什均衡,那么此策略空间 $s_i^* = (s_1^*, ..., s_{i-1}^*, s_i^*, s_{i+1}^*, ..., s_n^*)$ 称为子博弈完美纳什均衡。也可以说,子博弈完美纳什均衡是对于所有的子博弈和原博弈都构成了纳什均衡的策略空间 $s_i^* = (s_1^*, ..., s_{i-1}^*, s_i^*, s_{i+1}^*, ..., s_n^*)$。子博弈完美纳什均衡要求博弈参与者在博弈的每一个决策结上最优化自己的决策。

(三)不完全信息静态博弈解释与贝叶斯纳什均衡解析

不完全信息静态博弈中的博弈参与者在不能确切知道其他参与者的信息下同时选择行动,或者虽参与者行动有先后但后行动的参与者无法得知前行动参与者采取的何种具体行动,也就是说,参与者不能观测到其他参与者的行动。

不完全信息静态博弈的数学表述为:

(1)博弈有 n 个参与者,其集合为:$N = \{1,2,3,...n\}$。

(2)参与者的类型空间为:$\Theta_1, \Theta_2, ..., \Theta_n$,类型记为 $\theta_1, \theta_2, ..., \theta_n$,且 $\theta \in \Theta$,参与者 i 只知道自己的类型 $\theta \in \Theta$,其客观概率分布为 $p(\theta_1, \theta_2, ..., \theta_n)$。

(3)给定参与者 i 的类型 θ_i,则参与者 i 估计其他参与者的类型是 θ_{-i} 的条件概率可表示为:$p_i = p(\theta_{-i} | \theta_i)$,其中 $\theta_{-i} = (\theta_1, ..., \theta_{i-1}, \theta_{i+1}, ..., \theta_n)$。

(4)类型依存行为空间表示为:$A_i = A_i(\theta)$,参与者 i 的某个特定行为 $s_i(\theta) \in A_i(\theta)$。

(5)类型依存的支付函数:$u_i = u_i(s_i, ..., s_n; \theta_i)$。则 n 个参与者的不完全信息静态博弈可表示为:

$$g = \{\theta_1, ..., \theta_n; A_1, ..., A_n; p_1, ..., p_n; u_1, ..., u_n\} \qquad (4-2)$$

在不完全信息静态博弈中,参与者 i 只知道自己的类型,不能获取其他参与者的类型。参与者 i 的期望效用函数可以表示为:

$$\omega = \sum p_i(\theta_{-i} | \theta_i) u_i [s_i(\theta_i), s_{-i}(\theta_{-i}); \theta_i, \theta_{-i}] \qquad (4-3)$$

如果对任意一个参与者 $i \in N, s_i^*(\theta_i)$ 是下述最大化问题的解,该类型依存的策略组合 $s_i^* = \{s_1^*(\theta_1), ..., s_n^*(\theta_n)\}$ 是不完全信息静态博

弈(4-2)的贝叶斯纳什均衡。即：

$$s_i^*(\theta_i) \in \underset{s_i}{\mathrm{argmax}} \sum p(\theta_{-i}|\theta_i) u_i[s_i, s_{-i}^*(\theta_{-i}); \theta_i, \theta_{-i}] \qquad (4-4)$$

（四）不完全信息动态博弈解释和完美贝叶斯纳什均衡解析

不完全信息动态博弈初始阶段,参与者只能了解到自己的相关私有信息,对于博弈中的其他参与者私有信息并不了解,由于参与者的策略选择及采取行动的时间存在先后,后行动的博弈参与者可以获取到先行动参与者的信息,然后根据获取的信息进行推断,进而选择自己的最优策略。参与者在博弈中知道自己的行动可能揭示有关自己特征的信息,也会通过选择行动向其他参与者传递对己最有利的信息,因此,参与者进行策略选择及行动时,既要考虑自己可能的收益,还要通过了解其他博弈参与者的信息判断其行为选择,实现自己的最优策略选择。

由此,对于完美贝叶斯纳什均衡可由类型依存的策略与后验概率加以表示为:

$$s_i^*(s_{-i}, \theta_i) \in \underset{s_i}{\mathrm{argmax}} \sum p_i^*(\theta_{-i}|\theta_{-i}^h) u_i[s_i, s_{-i}^*(\theta_{-i}); \theta_i]$$

$s_i^* = [s_1^*(\theta_1), \ldots, s_n^*(\theta_n)]$ 表示类型依存的策略,$s_i(\theta_i)$ 表示参与者 i 依存于类型 θ_i 的策略,$p_i^*(\theta_{-i}|\theta_{-i}^h)$ 表示获取其他博弈方行为信息的后验概率。

第二节　各国环境成本内部化的政府激励政策利益博弈

在全球低碳浪潮下,跨界环境污染也成为环境政策研究的重要内容。跨界环境污染体现了公共环境资源使用时国家间的外部性,污染源国家通过污染物质向境外输出,降低了本国的环境成本,使污染受害国生态环境质量下降,加大了其环境治理成本。由于跨界环境污染跨越了国家的主权控制范围,通过环境成本内部化政策无法对排污企业施加影响,此类外部环境成本对世界生态环境产生了严重损害。虽然环境国际公约对于跨界污染的治理,起到了一定的积极作用,但结果不能实现帕累托最优状态,环境成本内部化运行机制面临着国与国之间的利益博弈。

一、发达国家与发展中国家环境成本内部化的激励政策博弈分析

为了改善污染排放对全球生态环境产生的影响,按照《联合国气候变化公约》的约定,从1995年开始每年召开一次缔约方会议(Conference of the Parties,COP),至2019年年底共举行25次会议,目前已发展到197个缔约国。1997年12月各缔约国签署了《京都议定书》,该议定书的签署对世界范围内的环境成本内部化起到了积极的作用,然而此条约不具有强制约束力,属于自愿性的协定,对于各国是否遵守协议并没相应的制裁措施,最终结果如何取决于各国之间的博弈均衡。《京都议定书》只是硬性约束了发达国家的减排要求,对于发展中国家的减排义务没有作出了硬性规定,因此,环境成本内部化政策的实施存在国与国之间的利益博弈,可以将这些国家分为发达国家和发展中国家两大类。

发达国家实施环境成本内部化政策势必会影响到本国的支柱工业产业,为了维护自身利益,发达国家在履行《京都议定书》的过程中一再降低约束,并不断地对发展中国家提出减排要求,以此平衡本国环境成本内部化对经济的影响。对于发展中国家,面临着世界范围内严峻的生态环境问题,其环境成本内部化的压力也不断加大,由于大多数发展中国家的经济处于发展的关键时期,此时实施环境成本内部化必然拉大与发达国家间的经济差距,因此发展中国家推迟实施环境成本内部化政策,以"历史排放量"应对发达国家提出的减排要求。所以,从发达国家与发展中的国家对于实施环境成本内部化政策的态度上可以看出,短期内不实施环境成本内部化政策的国家经济会保持较高速度增长,经济的高速增长会加剧世界生态环境的恶化,在未来几十年内(甚至更短)便会显现出更严重世界生态环境问题,甚至发生人类的生存危机。

发达国家和发展中国家面对是否实施环境成本内部化政策均有两种选择,即:实施和不实施。假设世界生态环境恶化的各国损失为A,对于环境成本内部化的不同选择各国收益如下:发展中国家选择不实施的情况下,可获取收益 A_2,如果发达国家选择不实施可获取收益 A_1,发达国家选择实施可获取收益 A_1-R;发展中国家选择实施的情况下,可获取收益 A_2-r,发达国家选择不实施可获取收益 A_1+R,发达国家选择实施可获取收益 A_1-R+r。如果双方策略选择的结果是均不实施环境成本内部化,那么双方都要承担世界生态环境恶化的损失为A,假定有一方选择实施环境成本内部化,对于双方都不会有损失。如果双方都选择实施环境成本内部化,对于双方都减少损失 θ。

采用收益矩阵对发达国家与发展中国家进行静态博弈分析,如表4-3所示。

表4-3　发达国家与发展中国家的静态博弈收益矩阵

发展中国家 发达国家	实　施	不实施
实　施	$(A_1-R+r+\theta, A_2-r+\theta)$	(A_1-R, A_2)
不实施	(A_1+r, A_2-r)	(A_1-A, A_2-A)

从博弈收益矩阵看,在发展中国家选择实施环境成本内部化政策情况下,发达国家选择实施获取的收益会相对于不实施的选择要大;在发展中国家选择不实施环境成本内部化政策情况下,发达国家选择实施获取的收益也会相对于不实施的选择要大。因此,发展中国家是否实施环境成本内部化政策,发达国家选择的策略都是实施环境成本内

部化政策。在发达国家选择实施环境成本内部化政策情况下,发展中国家选择不实施环境成本内部化政策获取的收益相对于实施的选择要大;在发达国家选择不实施环境成本内部化政策,发展中国家应当选择实施环境成本内部化政策。[①]　因此,发达国家与发展中国家环境成本内部化静态博弈的纳什均衡为:发达国家实施环境成本内部化政策,发展中国家不实施环境成本内部化政策,这反映了为什么《京都议定书》只规定发达国家应当承担义务,而对发展中国家没有硬性约束。但是,在应对环境问题的现实中,如果发展中国家不考虑环境成本,会为发达国家提供违约动机,不实施环境成本内部化政策以保护本国经济利益,其结果是出现最差环境状态(A_1-A,A_2-A),导致博弈双方的收益值均为负值,两败俱伤。因此,要想实现最优的生态环境状态,发达国家和发展中国家从互惠互利的愿望出发,博弈双方都应为实施环境成本内部化作出努力,达成合作性均衡,这样博弈双方才会从生态环境状态的改善中获得各自的最大收益,同时也缓解了生态环境危机,世界的整体经济才能实现预期的增长。

在国际环境成本内部化进程中,从理性经济人假定的角度看,各国间的博弈是在所难免的,但通过上述发达国家与发展中国家的静态博弈模型分析,可以看出,虽然可以找到纳什均衡,但世界各国只有都采取合作,共同实施环境成本内部化政策,才能实现各国共赢的帕累托最优,真正有效解决全球生态环境恶化的问题,这也是2016年4月签署的《巴黎协定》将所有成员承诺的减排行动纳入统一约束力框架的原因所在。因此,中国也有必要制定有效的环境成本内部化政策,推动企业提高环境成本内部化水平,改善中国的生态环境质量,不仅可以提高国内居民的福利水平,也能在各国共同应对世界环境问题的博弈中争取到更多的话语权。

---

① 参见刘书英:《我国低碳经济发展研究》,天津大学博士学位论文,2012年,第103页。

二、邻国环境成本内部化的激励政策博弈分析

2016年4月签署的《巴黎协定》标志着世界各国将采取合作,共同实施环境成本内部化政策。由于相邻国家环境成本的国际外部性,一国经济活动造成的环境外部成本极易影响到相邻其他国家的生态环境质量,这种环境成本称为跨界环境成本。跨界环境成本直接影响到各国开展环境成本内部化的有效性,某个国家的环境成本内部化与邻国行动有着重要的相互影响,下面对相邻国家的环境成本内部化进行博弈分析。

首先,假定生态环境质量对第 i 国家的效用函数表示为:

$$U_i = U[X_i, T(X_j)] \qquad (4-5)$$

公式(4-5)中,X_i 表示第 i 国家的生态环境质量。当邻国间存在环境成本跨界的情况下,国家生态环境质量的效用 U_i 既受本国环境外部成本的影响,还会受到邻国 j 的跨界环境成本产生的扩散函数 $T(X_j)$ 的影响。扩散函数 $T(X_j)$ 可能是单向的,说明某国对相邻国家产生单向的越界环境成本;扩散函数 $T(X_j)$ 也可能是双向的,说明相邻国家之间外部环境成本彼此相互影响。

某国实施环境成本内部化政策时,需要考虑环境成本内部化政策与相邻国家的跨界环境成本关系,以有效应对跨界环境成本所带来的扭曲效应。为了方便分析,假定只有两个国家相邻,分别为 i 国和 j 国;两个国家之间存在双向跨界环境成本。根据公式(4-5),生态环境质量对 i 国的效用函数;生态环境质量对 j 国的效用函数表示为:

$$U_j = U[X_j, T(X_i)] \qquad (4-6)$$

在实施环境成本内部化政策的过程中,作为理性的经济人的两个国家追求的目标是生态环境质量效用的最大化,两个国家可供选择策略为合作和不合作。合作策略是进行决策时把两个国家视为一个整体,以两个国家整体效用的最大化为目标。不合作策略是进行决策时

两个国家分别追求自身的最大化效用。为了便于分析生态环境质量效用函数,对由跨界环境成本产生的扩散函数不予考虑,则公式(4-5)和公式(4-6)可分别演化为:

$$U_i = U(X_i, X_j) \tag{4-7}$$

$$U_j = U(X_j, X_i) \tag{4-8}$$

相邻两国在实施环境成本内部化政策选择不合作策略,实现本国生态环境质量效用最大化,需要满足如下条件: $\dfrac{\partial U_i}{\partial X_i} = 0, \dfrac{\partial U_j}{\partial X_j} = 0$。

$$U_j = U(X_j, X_i) \tag{4-9}$$

相邻两国在实施环境成本内部化政策选择合作策略,实现两个国家整体生态环境质量效用最大化,需要满足如下条件:$\max(U_i + U_j)$,即:

$$\frac{\partial U_i}{\partial X_i} = -\frac{\partial U_i}{\partial X_j}$$
$$\frac{\partial U_j}{\partial X_j} = -\frac{\partial U_j}{\partial X_i} \tag{4-10}$$

相邻两国在实施环境成本内部化政策选择合作策略时,由公式(4-10)可知,相邻的国家制定环境成本内部化政策既要针对本国环境成本产生的影响因素,又要考虑到相邻国家的跨界环境成本对本国的影响。实际上,在相邻国家实施环境成本内部化政策也可以选择不合作的策略,因此,相邻国家实施环境成本内部化政策的策略有四种不同组合,其博弈的收益矩阵如表4-4所示。由于此博弈收益矩阵与表4-3比较接近,为了比较收益更为直观,将相邻两国平等条件下的收益假设为量化数值(数值不一定合理)。

从表4-4国家i与邻国j的博弈收益来看,邻国的环境成本内部化博弈问题可由"囚徒困境"予以分析,从博弈模型上找不到纯粹的理论纳什均衡解。实践中,由于两个国家的经济发展水平存在差异,发展低碳经济的环境诉求不同,当环境诉求强烈的一方选择策略是合作,两个相邻国家的环境总收益相对于都选择不合作策略的收益要大。并且在 2016 年签署的《巴黎协定》将所有成员承诺的减排行动纳入统一约束力框架的大背景下，共同实施环境成本内部化是大势所趋，也就是说，邻国都选择合作的策略，生态环境质量效用总收益为 8 的情况，是可以实现的。

表 4-4　国家 i 与邻国 j 的博弈收益矩阵

国家 j〈br〉国家 i	合　作	不合作
合　作	(4,4)	(1,5)
不合作	(5,1)	(2,2)

从国家 i 与邻国 j 的博弈收益来看，在国家 i 选择合作策略的情况下，国家 j 选择不合作策略的收益 5 比选择合作策略的收益 4 多 1，是因为生态环境质量是公共资源，选择不合作策略可以通过"搭便车"现象，从选择合作的国家实施环境成本内部化带来的生态环境质量改善中获得好处；对于选择策略是合作实施环境成本内部化的国家来说，需要承担本国的环境成本和邻国跨界环境成本，其收益由 4 减少为 1。因此，相邻国家可以考虑建立约束机制，让不合作的国家由于选择不合作的收益减少或把增加的收益转移支付到选择合作的国家。如果这样的约束机制建立成功也可以实现邻国均合作的纳什均衡。

通过对发达国家与发展中国家和邻国间环境成本内部化政策的博弈分析可以看出，需要通过世界各国进行谈判及建立国际间合作组织，以构建一种约束机制，通过约束机制对环境成本内部化的收益进行再配置，这样世界各国便会选择合作的策略以整体生态环境质量效用最大化为目标，共同实施环境成本内部化政策，最终实现最优生态环境状态。

依据区域经济发展理论，邻国之间经济依赖度较高，实现区域经济协同发展是国际发展的必然趋势，首先要解决的核心问题就是如何实现区域经济增长与邻国生态环境的跨界污染治理的统一。现阶段的邻国市场贸易环境,还没有建立统一的环境资源市场,因此,邻国之间都在追求本国的经济利益最大化,对于邻国共有的生态环境资源争相使用,将应该由本国支付的环境成本转嫁给他国。每个国家主体为实现本国的利益,往往对公共的自然生态资源过度使用,如公共海域的过度捕捞、环境污染排放等。这些直接产生生态环境损害、退化及生物多样性减少等严重的生态环境问题。由此邻国的共有资源难以实现合理的配置,严重制约了邻国区域经济的绿色协调发展,甚至严重威胁到居民的生存和发展。

第三节　国内环境成本内部化的政府激励政策相关方博弈分析

目前在中国,市场对生态环境资源没有实现全部涵盖,由于生态环境资源具有公共产品性质,企业在生产经营活动中追求自身最大经济利益过程中,必然会过度开发利用生态环境资源,导致了生态环境被严重破坏,威胁到人类的生存和可持续发展。造成这一切的根本原因是,虽然生态环境资源作为生产要素被投入到企业生产中,但企业并未将环境成本计入会计成本加以承担,产生了大量的环境外部成本。本节从博弈论的角度,分析将外部环境成本内部化实施主体的利益诉求,解析主体博弈的均衡,以制定现实可行的环境成本内部化的政府激励政策。

一、政府与企业间的博弈分析

实施环境成本内部化过程中,最重要的主体是政府与企业。企业是内部化的实施主体,需要将其生产过程产生的外部环境成本确认为生产成本,予以承担;政府是制定企业环境成本内部化激励政策的主体,对企业的实施情况进行激励。在中国的现实经济生活中,由于各方面的限制,政府在对企业实施环境成本内部化进行激励时,不能做到对所有的企业进行100%的全方位激励,只能根据监督检查的结果制定激励措施,监督检查存在抽样风险,即使政府对企业进行了监督检查,其结果不到位的情况也时有发生。另外,实施环境成本内部化激励的过程中,政府与企业双方都无法预知对方将要选择的策略,政府与企业之间的信息属于不完全信息,是不对称的。

在考虑上述影响因素后,构建政府与企业间的博弈模型需要对有关参数进行定义,模型涉及的参数定义如下:

(1)p,为政府对企业环境成本内部化实施情况进行监督并激励的概率;1-p,为政府对企业环境成本内部化实施情况不进行监督的概率。

(2)π,是企业进行环境成本内部化投资的概率;1-π,是企业不进行环境成本内部化投资的概率。

(3)R,是企业进行环境成本内部化,生产环保产品所获得的收益;C,为企业实施环境成本内部化所发生的成本;r,为企业不实施环境成本内部化,生产非环保产品所获得的收益;c,为不实施环境成本内部化生产非环保产品所发生的成本;两种情况下的企业收益差额 $\Delta R = r - c - (R-C)$。

(4)I,为政府对企业实施环境成本内部化进行监督检查及激励所发生的成本。

(5)P,是对环境成本内部化实施情况进行监督检查时,政府对发现的未实施企业进行的惩罚。

(6)T,是企业因开展环境成本内部化而获得的税收优惠或政府补贴。

(7)S,是因企业未实施环境成本内部化,政府获得的税收增加值。

(8)F,为政府获得的环境效益(因企业实施环境成本内部化,环境效益增加）。

（9）L,为企业未实施环境成本内部化产生的外部环境成本,这部分外部环境成本会增加政府的财政支出。

基于对上述有关参数的定义,政府与企业间的博弈收益矩阵如表4-5所示。

表4-5　政府与企业的博弈收益矩阵

政府 ＼ 企业	实施环境成本内部化 π	不实施环境成本内部化 $1-\pi$
激励 p	F-I,R-C+T	S+P-I,r-c-P-S
不激励 1-p	F,R-C	S,r-c-S

由表4-5政府与企业的博弈收益矩阵可知,在政府不激励的情况下,企业主动实施环境成本内部化的收益为R-C,政府获得的环境效益为F;在政府激励的情况下,企业实施环境成本内部化获得的收益为R-C+T,政府可以获得的环境净收益为F-I。由此我们可以确定政府的期望收益为:

$$E_g(p,\pi) = p[\pi(F-I)+(1-\pi)(S+P-I)]+(1-p)[\pi F+(1-\pi)S]$$

因此,政府激励(p=1)与不激励(p=0)的收益分别为:

$$E_g(1,\pi) = \pi(F-I)+(1-\pi)(S+P-I)$$

$$E_g(0,\pi) = \pi F+(1-\pi)S$$

要使政府达到收益最大化,令 $E_g(1,\pi)=E_g(0,\pi)$,可得:

$$\pi^* = \frac{P-I}{P} = 1-\frac{P}{I} \qquad (4-11)$$

由公式(4-11)可知,当 $\pi>\pi^*$ 时,政府博弈的策略选择应该是不激励。如果 $\pi\to1,I\to0$,也就是企业实施环境成本内部化意愿越强,政府的激励成本会越小。如果满足 P>I 条件,企业会主动实施环境成本内部化,也就是说,如果在环境成本内部化的监督检查中,政府对发现的未实施企业进行的惩罚大于政府对企业实施环境成本内部化进行监督检查及激励所发生的成本,企业会主动实施环境成本内部化;当政府对企业实施环境成本内部化进行监督检查及激励所发生的成本过高时,政府则可能会放松对企业监督检查及激励。

企业的期望收益为:

$$E_e(p,\pi) = \pi[p(R-C+T) + (1-p)(R-C)] + (1-\pi)[p(r-c-P-S) + (1-p)(r-c-S)]$$

因此,企业实施环境成本内部化($\pi=1$)与不实施环境成本内部化($\pi=0$)的收益分别为:

$$E_e(p,1) = p(R-C+T) + (1-p)(R-C) = R-C+pT$$

$$E_e(p,0) = p(r-c-P-S) + (1-p)(r-c-S) = r-c-S+pP$$

要使企业达到收益最大化,令 $E_e(p,1) = E_e(p,0)$,可得:

$$p^* = \frac{(r-c-S)-(R-C)}{T+P} = \frac{\Delta R-S}{T+P} \qquad (4-12)$$

由公式(4-12)可知,当 $p > p^*$ 时,企业选择的最优策略是实施环境成本内部化。由于 $p^* \leqslant 1$,可得:$\Delta R-S \leqslant T+P$,因此,当 $\Delta R-S \to T+P$ 时,$p \to 1$,即当企业获得的收益差额扣除多上缴的税费,趋近政府对企业实施环境成本内部化的税收优惠或政府激励补贴与政府对企业未实施环境成本内部化所处的罚款合计额时,企业外部环境成本内部化的意愿将会降低,政府对于企业实施环境成本内部化的监督增强,激励的临界概率将会增大。

通过以上的数学逻辑推演可以得出,政府与企业的博弈均衡可表述为:

$$p^* = \frac{\Delta R-S}{T+P}$$

$$\qquad (4-13)$$

$$\pi^* = 1 - \frac{P}{I}$$

根据公式(4-13)所述政府与企业的博弈均衡条件,我们可以判断政府对发现的未实施环境成本内部化企业进行的惩罚 P,对政府进行监督并激励的概率 p 及企业进行环境成本内部化的概率 π 的影响,具有直接的负向作用。因此,有效提高政府对未实施环境成本内部化企业的罚金 P 额度,可以有助于威慑企业的环境外部污染行为,促使企业主动实施环境成本内部化。

二、中央政府与地方政府间的博弈分析

在政府与企业的博弈分析中,将地方政府与中央政府看作一个博弈主体,对企业环境成本内部化进行监督激励。可是随着中国市场化程度不断深化,在诸多宏观调控政策的实施过程中,有很多情况下中央政府与地方政府的利益目标是不一致的,从而产生博弈现象。如在环境成本内部化这一领域,地方政府为了自身利益,对中央宏观调控政策落实不到位,导致中央宏观调控政策的效果不显著。比如地方政府为促进地方经济增长,增加就业和地方税收收入,可能会引入一些环境外部污染程度较高的高额投资项目。

在贯彻环境成本内部化的激励政策过程中,中央政府是激励政策的制定者、地方政府是激励政策的执行者。地方政府是否对企业环境成本内部化的实施情况进行监督激励直接影响着中央政府的利益得失,中央政府可以制定相应的激励措施驱使地方政府选择主动执行的策略,如果地方政府选择不主动执行,对企业不实施监督激励,那么就需要中央政府对地方政府的不作为加以惩处。鉴于此,环境成本内部化的激励政策制定与执行过程,也是地方政府与中央政府之间的博弈过程。

对于中央政府与地方政府的博弈分析,作为博弈主体的地方政府与中央政府符合理性经济人的假定,中央政府居于宏观的主体地位关注于实现公平,追求总体利益的最大化(包括公众的健康和社会福利

等);地方政府此时可视为微观经济主体,在此过程中追求自身的最大化利益,更加倾向于环境使用的效率。由于中央政府只有对地方政府实施有效监督才能发现地方政府是否主动执行政策,对企业环境成本内部化进行监督,而在不监督或监督无效时中央政府对地方政府的执行情况并不了解,地方政府也不能提前获取到中央政府关于实施有效监督情况的信息,因此,博弈双方存在着一定的信息不对称。

在考虑上述影响因素后,构建政府与企业间的博弈模型需要对有关参数进行定义,模型涉及的参数定义如下:

(1)p,为政府对企业环境成本内部化实施情况进行监督并激励的概率(也可以认为是地方政府执行中央政策的概率);1-p,为政府对企业环境成本内部化实施情况不进行监督的概率(也可以认为是地方政府不执行中央政策的概率)。

(2)γ,为中央政府对地方政府执行政策进行监督的概率(假定监督能够发现地方政府全部不执行的情况);1-γ,为中央政府对地方政府执行政策不进行监督的概率。

(3)I,为推动企业实施环境成本内部化,政府所发生的全部费用(包括政府的监督投入和用于激励的投入),按投入主体可以将其分为:地方政府投入 I_1 和中央政府投入 I_2 两部分。

(4)P,为对环境成本内部化实施情况进行监督检查时,政府对发现企业未实施进行的惩罚,按惩罚主体可以将其分为:地方政府对企业进行的惩罚 P_1 和中央政府发现企业未实施环境成本内部对地方政府不作为所处的罚金(或中央对地方减少财政拨付资金)P_2。

(5)S,为政府的税收增加值(是由于企业未投入环境成本内部化为政府多缴的税款),包括:地方政府的税收增加值 S_1 和中央政府的税收增加值 S_2 两部分。

(6)T,为企业因实施环境成本内部化而获得的税收优惠或政府激励补贴。

（7）F，为政府因企业实施环境成本内部化而获得的环境效益。

（8）L，为企业未实施环境成本内部化产生的外部环境成本，这部分外部环境成本会增加政府的财政支出。

因此，中央政府与地方政府间的博弈收益矩阵如表4-6所示。

表4-6　中央政府与地方政府的博弈收益矩阵

地方 ＼ 中央	监督 γ	不监督 $1-\gamma$
执行 p	$F-I_1, F-I_2$	$F-I_1, F$
不执行 $1-p$	$S_1-P_2, S_2+P_2-L-I_2$	S_1, S_2-L

由表4-6中央政府与地方政府的博弈收益矩阵可知，在地方政府不执行的情况下，中央政府实施监督的收益为 $S_2+P_2-L-I_2$，地方政府获得的环境收益为 S_1-P_2；在地方政府执行的情况下，中央实施环境成本内部化监督获得收益为 $F-I_2$，地方政府可获得的环境净收益为 $F-I_1$。由此我们可以确定地方政府的期望收益为：

$$E_g(p,\gamma) = p[\gamma(F-I_1)+(1-\gamma)(F-I_1)]+(1-p)[\gamma(S_1-P_2)F+(1-\gamma)S_1]$$

因此，地方政府执行政策（p=1）与不执行政策（p=0）的收益分别为：

$$E_g(1,\gamma) = \gamma(F-I_1)+(1-\gamma)(F-I_1)$$
$$E_g(0,\gamma) = \gamma(S_1-P_2)F+(1-\gamma)S_1$$

要使政府达到收益最大化，令 $E_g(1,\gamma)=E_g(0,\gamma)$，可得：

$$\gamma^* = \frac{I_1+S_1-F}{P_2} \qquad\qquad (4-14)$$

当 $\gamma \to \gamma^*$ 时，地方政府选择执行政策。由公式（4-14）可知，如果 $(I_1+S_1-F) \to P_2$，表明地方政府对企业环境成本内部化的实施不进行监督的情形下，少支付的监督费用 I_1 与税收增加额 S_1 之和冲减掉因企业实施环境成本内部化而获得的环境效益,趋近于中央政府对地方政府进行监督且发现企业未实施环境成本内部所处的罚金(或中央对地方减少财政拨付资金)时,中央政府会加大实施监督的概率,激励地方政府监督企业实施环境成本内部化。[①]

中央政府的期望收益为:

$$E_G(p,\gamma) = \gamma[p(F-I_2)+(1-p)(S_2+P_2-L-I_2)] + (1-\gamma)[pF+(1-p)(S_2-L)]$$

因此,中央政府实施监督($\gamma=1$)与不实施监督($\gamma=0$)的收益分别为:

$$E_G(p,1) = p(F-I_2)+(1-p)(S_2+P_2-L-I_2)$$

$$E_G(p,0) = pF+(1-p)(S_2-L)$$

要使中央政府的收益达到最大化,令 $E_G(p,1)=E_G(p,0)$,可得:

$$p^* = \frac{P_2-I_2}{P_2} = 1-\frac{I_2}{P_2} \qquad (4-15)$$

当 $p \to p^*$ 时,地方政府倾向于执行政策,中央选择的最优策略是不实施监督。由公式(4-15)可知,当中央政府对地方政府进行监督且发现企业未实施环境成本内部化所处的罚金 P_2 趋近于其对地方政府是否执行政策进行监督所发生的成本 I_2 时,意味着中央政府的激励力度不足,此时 $p \to 0$,地方政府缺乏主动执行政策的动力,地方政府的策略选择意愿是对企业环境成本内部化实施情况不进行监督,也就是说此时的地方政府会倾向于不执行政策。反之,政府激励力度越大,中央政府对地方政府不作为的罚款 P_2 增大,中央政府监督费用投入 I_2 会降低,地方政府执行中央政策的概率 $p \to 1$,即地方政府会倾向于执行政策,对企业实施环境成本内部化情况进行监管。

通过以上的数学逻辑推演可以得出,中央政府与地方政府博弈的

---

① 参见安志蓉等:《环境绩效利益相关者的博弈分析及策略研究》,《经济问题探索》2013年第3期。

均衡可表述为：

$$p^* = 1 - \frac{I_2}{P_2}$$

$$\gamma^* = \frac{I_1 + S_1 - F}{P_2}$$

（4-16）

根据公式（4-16）所述博弈均衡条件可以得出，中央政府对地方政府进行监督且发现企业未实施环境成本内部所处的惩罚 P_2，对地方政府执行政策的概率 p 和中央政府对地方政府执行政策进行监督的概率 γ 都会产生直接的影响，中央政府的监督概率对地方政府的执行概率的影响方向是负向变化。由此，确定合理的中央政府对地方政府不作为的罚款 P_2 的金额，有助于体现和传达中央政府对实施环境成本内部化政策的力度，并督导地方政府积极执行环境成本内部化的政府激励政策，并敦促企业主动实施环境成本内部化。

三、中央政府、地方政府和企业的三方动态博弈分析

在实施环境成本内部化过程中涉及多方利益的复杂博弈，前面分别对企业实施环境成本内部化与政府激励之间的博弈、中央政府与地方政府之间的博弈进行了分析。在中国的现实经济生活中，政府在推进环境成本内部化的进程中，往往是多个利益相关者参与的多方博弈情况。比如某些地方政府为了实现本地经济的快速发展，以牺牲生态环境为代价换取本地的 GDP 的快速增长，对企业是否实施环境成本内部化的情况疏于监管。本节通过建立中央政府、地方政府和企业三方参与的动态博弈模型，分析三方博弈下各参与者的环境成本内部化行为选择以及实现混合策略均衡的条件，探讨环境成本内部化实施过程中各博弈方的策略选择，为完善中国的环境成本内部化激励政策提供参考。

为了方便对三方博弈过程进行分析,我们假定:

(1)作为博弈主体的三方符合理性经济人的假定,中央政府居于宏观的主体地位关注于实现环境的可持续发展,追求总体利益的最大化(包括公众的健康和社会福利等);企业作为微观经济主体,在此过程中追求自身的最大化利益,企业生产经营过程中产生的未内部化环境成本将由中央政府承担,地方政府是企业实施环境成本内部化的监管者。

(2)企业为在产品生产、销售及回收处理过程中实现利润的组织,企业向消费者提供产品和服务。

(3)中央政府制定环境内部化的激励政策,依据地方政府环境成本内部化的监管结果对企业进行激励。如果地方政府不作为、未履行监管职责,企业不能获得激励。中央政府对地方政府是否执行政策加以监督,并对地方环境绩效评价结果予以奖惩。地方政府辖区内企业环境成本内部化投资的程度及效果直接影响环境绩效评价的结果。中央政府对地方政府的奖惩会影响地方政府的行为选择。

在考虑上述假定条件的基础上,对构建中央政府、地方政府和企业的博弈模型涉及的参数定义如下:

(1)C,为企业实施环境成本内部化所发生的成本。

(2)R,为企业实施环境成本内部化生产环保产品所获得的收益。

(3)F,为中央政府因企业实施环境成本内部化而获得的环境收益。

(4)I_1,为中央政府监督地方政府履职所产生的费用;I_2,为地方政府对企业实施环境成本内部化进行监督所产生的费用。

(5)P_1,为地方政府对未实施环境成本内部化企业进行的罚款;P_2,中央政府发现企业未实施环境成本内部化对地方政府不作为所处的罚金(或中央对地方减少财政拨付资金)。

(6)A,为地方政府履职产生的环境效益(或中央政府给予的绩效奖励)。

（7）T，为企业因实施环境成本内部化而获得的税收优惠或政府激励补贴。

（一）三方动态博弈模型的构建

环境成本内部化的实践中，由于政府激励政策的实施对于三方的作用具有时序性，即三方博弈参与者的策略行动选择的顺序有先后之分，后选择的博弈参与者行动前能够获取到先行动者行为的信息，假定可以推测先行动者的行为概率分布。由此，我们可以采用不完全信息动态博弈进行分析，构建的中央政府、地方政府和企业三方动态博弈模型，可用博弈树表示（如图4-1所示）。

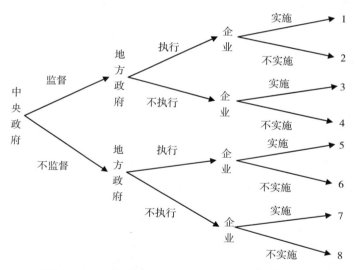

图4-1　中央政府、地方政府、企业三方动态博弈树

拓展的博弈模型主要包含博弈参与主体、博弈参与主体的行动顺序、博弈参与主体的行动维度、博弈参与主体的行动概率、博弈参与主体的行动的收益函数等。① 具体拓展的三方动态博弈模型描述

---

① 参见张维迎：《博弈论与信息经济学》，上海人民出版社2004年版，第80—81页。

如下:

(1)博弈参与主体:中央政府、地方政府和企业。

(2)博弈参与主体的行动顺序:本书假定博弈参与主体的行动顺序为:首先是中央政府,其次是地方政府,最后为企业。博弈从中央政府进行环境成本内部化激励政策制定行动开始,根据对地方政府的行为选择的预测,采取对地方政府的监督措施;然后是地方政府通过获取中央政府行动的信息,选择是否执行政策,监管本地企业的环境成本内部化实施情况;最后是企业根据获取的地方政府行为策略的信息,选择是否实施环境成本内部化。

(3)博弈参与主体的行动维度:中央政府可选择的策略有实施监督与不监督两种;对于地方政府有对中央政府政策的执行与不执行两种可选择的行动;企业有实施环境成本内部化与不实施环境成本内部化两种可选择的行为。

(4)博弈参与主体的行动概率:中央政府对地方政府执行政策进行监督的概率为 γ,中央政府对地方政府执行政策不进行监督的概率为 $1-\gamma$;地方政府对企业环境成本内部化实施情况进行监督并激励的概率为 p;政府为对企业环境成本内部化实施情况不进行监督的概率为 $1-p$;对于环境成本内部化的企业行为选择,开展的概率为 π,不开展的概率为 $1-\pi$。

(二)三方动态博弈模型的求解

在环境成本内部化的实践中,在各博弈参与方未作出博弈策略选择行动之前,各参与者均无法判断博弈方下一步的策略选择,只能通过部分信息判断其他参与者策略选择的概率,依此判断应采取的博弈行为。因此,根据图 4-1 中央政府、地方政府、企业三方动态博弈树模型,对各博弈参与主体的收益函数进行处理,构建混合策略博弈收益矩阵如表 4-7 所示。

表 4-7　中央政府、地方政府及企业的博弈收益矩阵

节点	收益矩阵
1	$(F-T-I_1, A-I_2, R+T-C)$
2	(P_2-I_1, P_1-I_2, P_1)
3	$(F-I_1, 0, R-C)$
4	$(P_2-I_1, 0, 0)$
5	$(F-T, -I_2, R+T-C)$
6	$(0, P_1-I_2, -P_1)$
7	$(F, 0, R-C)$
8	$(0, 0, 0)$

注:收益矩阵中的第一项是中央政府的收益,第二项是地方政府的收益,第三项是企业的收益。

令 δ_{ij} 表示收益函数($j=1,\cdots,8$;中央政府 i 为 1,地方政府 i 为 2,企业 i 为 3),Π_i 表示收益函数的总和(中央政府 i 为 1,地方政府 i 为 2,企业 i 为 3)。运用逆向递归法对博弈参与方的收益函数可分别表示为:

$$\Pi_1 = \gamma p\pi\delta_{11} + \gamma p(1-\pi)\delta_{12} + \gamma(1-p)\pi\delta_{13} + \gamma(1-p)(1-\pi)\delta_{14} +$$
$$(1-\gamma)p\pi\delta_{15} + (1-\gamma)p(1-\pi)\delta_{16} + (1-\gamma)(1-p)\pi\delta_{17} +$$
$$(1-\gamma)(1-p)(1-\pi)\delta_{18} \tag{4-17}$$

$$\Pi_2 = \gamma p\pi\delta_{21} + \gamma p(1-\pi)\delta_{22} + \gamma(1-p)\pi\delta_{23} + \gamma(1-p)(1-\pi)\delta_{24} +$$
$$(1-\gamma)p\pi\delta_{25} + (1-\gamma)p(1-\pi)\delta_{26} + (1-\gamma)(1-p)\pi\delta_{27} +$$
$$(1-\gamma)(1-p)(1-\pi)\delta_{28} \tag{4-18}$$

$$\Pi_3 = \gamma p\pi\delta_{31} + \gamma p(1-\pi)\delta_{32} + \gamma(1-p)\pi\delta_{33} + \gamma(1-p)(1-\pi)\delta_{34} +$$
$$(1-\gamma)p\pi\delta_{35} + (1-\gamma)p(1-\pi)\delta_{36} + (1-\gamma)(1-p)\pi\delta_{37} +$$
$$(1-\gamma)(1-p)(1-\pi)\delta_{38} \tag{4-19}$$

将表 4-7 中的收益函数 δ_{ij} 分别代入公式(4-17)、公式(4-18)和公式(4-19)中,分别求导并令其等于零,可得到均衡解。由 $\dfrac{\partial\Pi_3}{\partial\pi}=0$ 可得:

$$p = \frac{C-R}{T+P_1} \qquad (4-20)$$

公式(4-20)表示地方政府对企业环境成本内部化实施情况进行监督并激励的概率。

由 $\frac{\partial \Pi_2}{\partial p} = 0$ 可得:

$$\gamma = \frac{P_1}{A} - \frac{P_1 - I_1}{\pi A} \qquad (4-21)$$

公式(4-21)表示中央政府对地方政府进行监督并发现其是否执行政策的概率。

由 $\frac{\partial \Pi_1}{\partial \gamma} = 0$ 可得:

$$\pi = \frac{P_2 - I_1}{P_2} \qquad (4-22)$$

公式(4-22)表示企业为实施环境成本内部化进行投资的概率,由于 $\pi \geq 0$,所以 $P_2 \geq I_1$,说明,中央政府受最大化环境成本内部化的收益约束,对地方政府不执行政策所处的罚款不会小于中央政府进行监督所发生的成本。将公式(4-22)代入公式(4-21)可得中央政府环境成本内部化的收益最大化条件下的监管概率为:

$$\gamma = \frac{I_2 P_2 - I_1 P_1}{A(P_2 - I_1)} \qquad (4-23)$$

综合公式(4-20)、公式(4-22)和公式(4-23),中央政府、地方政府、企业三方动态博弈的均衡解为:

$$(\gamma^*, p^*, \pi^*) = \left[\frac{I_2 P_2 - I_1 P_1}{A(P_2 - I_1)}, \frac{P_1}{A} - \frac{P_1 - I_1}{\pi A}, \frac{P_2 - I_1}{P_2} \right] \qquad (4-24)$$

(三)三方动态博弈模型的均衡解分析

通过对三方动态博弈模型的求解,可以看出环境成本内部化的各利益相关方的行为策略选择是相互影响的。一方面,中央政府应该制定有效的环境成本内部化的激励政策,提高环境成本内部化的监管效率,降低环境成本内部化的监管成本;另一方面,应该加大企业实施环境成本内部化的奖惩力度。

从公式(4-23)来看,中央政府对地方政府是否执行政策监督并发现的概率 γ ,受中央政府对地方政府进行监督且发现企业未实施环境成本内部所处的罚金 P_2 和地方政府对企业实施环境成本内部化进行监督所产生的费用 I_2 的正向影响,受中央政府监督地方政府履职所产生的费用 I_1 、地方政府对未实施环境成本内部化企业进行的罚款 P_1 和中央政府对地方政府执行政策绩效的褒奖或因环境改善产生的效益 A 的反比影响。也就是说当地方政府对企业实施环境成本内部化进行监督所发生的成本 I_2 比较大,中央政府应加大环境成本内部化的激励力度,从加强对地方政府履职的监督和加大中央政府给予地方政府的绩效激励力度(提高 A 值)两方面入手。[①] 由于地方政府通过执行政策获得高额罚款和褒奖以及中央政府的监督压力,地方政府会增大对企业的监管力度,中央政府对地方政府不作为的监督强度可适当减弱。

对公式(4-23)加以整理可变为: $\gamma = (I_2\frac{P_2}{I_1} - P)/A(\frac{P_2}{I_1} - 1)$,由于 $0 \leqslant \gamma \leqslant 1$ 可得 $P_1(I_1/P_2) \leqslant I_2 \leqslant P_1(I_1/P_2) + A(1 - I_1/P_2)$,也就是说作为理性的经济人,地方政府受收益最大化的约束,对企业开展环境成本内部化的监督费用会控制合理的范围,这一范围会受中央政府的监督力度、实施环境成本内部化的获益和对企业所处罚金的影响。

从公式(4-20)来看,地方政府执行政策的概率 p ,与对未实施环境成本内部化的企业所处罚金 P_1 和中央政府对企业因实施环境成本内部化的税收优惠或政府激励 T 成反比,与企业实施环境成本内部化产生的净收益增量成正比。因此,如果能够引导企业通过开展环境成本

---

① 参见刘倩等:《供应链环境成本内部化利益相关者行为抉择博弈探析》,《中国人口·资源与环境》2014 年第 6 期。

内部化实现经济收益,地方政府的监督成本可以降低。也就是说制定适度的环境成本内部化的激励政策,会促进企业实施环境成本内部化。由于地方政府执行政策的概率 $p \geq 0$,可知政府对企业实施环境成本内部化的激励金额应不低于 C-R,才能实现企业实施环境成本内部化的盈亏平衡。

从公式(4-22)来看,对于环境成本内部化的企业实施概率 π,受到中央政府发现企业未实施环境成本内部对地方政府不作为所处的罚金 P_2 和政府监督成本的正向影响。也就是说,提高中央政府发现企业未实施环境成本内部对地方政府不作为所处的罚金 P_2,能够有效地激励地方政府加强对企业实施环境成本内部化的监管,可提高企业实施环境成本内部化的概率。

综合来看,三方动态博弈模型的均衡解可以证明各利益相关方的博弈行为策略选择受到其他博弈参与者的影响,对于中央政府、地方政府和企业的环境成本内部化的行为选择是在各方追求收益最大化条件下,内外部因素综合作用的博弈均衡结果。

小　结

本章首先讨论跨界环境成本内部化问题时,分别建立了发达国家和发展中国家以及只有两个国家参与的相邻国家跨界环境成本内部化博弈模型。通过收益矩阵分析发现,要实现全球生态环境质量的提高,需要建立约束机制,使各个国家真诚合作,实现各国均合作的纳什均衡。

国家范围内的环境成本内部化中,需要政府构建有效的环境成本内部化的激励政策来推动。针对环境成本内部化政策的利益相关方,分别构建了中央政府与地方政府、地方政府与企业以及三方的博弈模型。

　　通过对建立的中央政府与地方政府、地方政府与企业的博弈模型分析发现：政府是否选择激励以及企业是否实施环境成本内部化主要取决于企业的预期收益、政府的激励成本以及企业违规罚金的大小；中央政府的激励选择，直接影响到地方政府对企业实施环境成本内部化的监督效果，但激励力度也不是越大越好。所以，应建立健全环境成本内部化的激励政策，通过给予适当激励，有效驱动企业实施环境成本内部化。

　　通过对中央政府、地方政府和企业三方动态博弈模型的研究发现：地方政府执行政策的概率与对企业的违规罚款和中央政府的激励额度成反比；企业实施环境成本内部化的概率与地方政府政策执行成本成反比。因此，针对环境成本内部化，应制定有效的政府激励政策，提高环境成本内部化的监管效率，降低环境成本内部化的监管成本，同时，加大企业实施环境成本内部化的奖惩力度。

　　总之，在环境成本内部化的实施过程中，中央政府应尽快完善激励政策，充分发挥导向作用。实施环境成本内部化的目的是促使企业承担相应的环境成本，从而解决环境成本外部性导致的生态环境问题。这就要求中央政府制定环境成本内部化的激励政策必须科学合理。同时，中央政府要构建完善的监督机制，以保证地方政府有效地执行政策。由于地方政府的执行力度直接影响到环境政策的有效性，所以，地方政府应严格执行中央政策，推动企业积极稳定实施环境成本内部化，发挥监督执行作用。企业要积极承担环境成本内部化的责任，将生产经营活动产生的环境成本纳入到会计成本，将生态环境损害降低到环境可承受的范围。

第五章 欧盟环境成本内部化的
政府激励政策经验借鉴

欧盟工业发展的同时,生态环境遭致了不同程度的破坏,环境问题不断受到人们的关注。为了实现环境保护的战略目标,欧盟制定了由政策目标、政策手段和政策效果评价等组成的一整套体系,根据政策目标和遵循的基本原则,欧盟成员国结合本国国情,设计出符合自身环境标准与经济发展需要的环境成本内部化税收政策。多年来,欧盟环境成本内部化的税收激励政策在污染防治、生态资源保护等方面取得了很大的成绩,建立了比较完善的环境成本内部化的税收激励政策体系,其政策内容也随着欧洲地区环境保护的实践探索不断丰富,环境成本内部化的程度也越来越高,生态环境质量也不断提高。可以说欧盟在环境成本内部化方面的激励政策体系是世界最完善的,中国有必要借鉴其环境成本内部化的宝贵经验,加快环境治理的进程。

第一节 欧盟环境成本内部化的税收激励政策

自环境成本内部化的税收激励制度正式建立以来,环境成本内部化的税收收入所占 GDP 的比例也逐年递增,逐渐成为欧盟各成员国税收总额中至关重要的组成部分。欧盟成员国环境成本内部化的税收收入主要来源于能源、交通运输以及资源开采等,其中能源税占比最高,产生的收入占绿色税收比重达到 80% 以上,有包括奥地利、比利时在内的 16 个国家征收了二氧化碳排放税,占比达 57.14%。① 此外,欧盟在环境成本内部化的税收激励制度设置了一定的税收减免措施,保持总体税负的平衡,通过税负转嫁降低社会低收入者的经济负担。

一、欧盟环境成本内部化的税收激励实践

20 世纪 80 年代初期,欧盟处于环境成本内部化雏形阶段,此阶段基于"污染者付费"的原则,主要以收费形式实现环境成本内部化,由排污者承担排污行为产生的相关环境成本。80 年代至 90 年代中期,是欧盟环境成本内部化的发展阶段,欧盟各国开始了征收环境保护税的探索,最初主要是针对环境资源的征税,目的是实现对其的合理分配,如最初的资源税、汽油消费税等。90 年代中期以后,是欧盟环境成本内部化的成熟阶段,实现了一体化环境成本内部化政策。可以说,欧盟环境成本内部化的实践,是由收费补偿环境成本到征收环境税收,实现环境成本内部化的改革过程。在这个过程中,在协调各成员国环境成本内部化的税费改革上,积累了丰富的税收激励政策的经验。

（一）根据污染要素和污染程度实行差别税费

目前欧盟国家对同一税种下不同产品实行差别税率,用市场手段引导民众行为,完成环境成本内部化的激励目标。特别是北欧国家,比如芬兰、丹麦等成员国针对能源相关产品制定了环境成本内部化的差别税收激励政策,如对汽油实行差别税率,对含铅汽油征收较高税率,内部化含铅汽油使用所产生的外部环境成本,激励民众使用无铅汽油。由于国情不同,各成员国在具体费税政策执行上存在较大的差异,由于差别税率的实施,使含铅汽油在欧盟各成员国基本没有销售市场。

欧盟国家在非能源产品污染物排放领域也逐渐实行差别税费政

---

① 参见朱小会、陆远权:《美国与欧盟环境保护财税政策经验及启示》,《环境保护》2018 年第 14 期。

策。德国将差别收费政策应用到对水污染税的征收,如果排放污水不达标,按水污染税率100%征收,如果达标排放,按税率的25%征收。德国通过对排放是否达标实行差别税费政策,促使企业生产用水效率不断提高、污水排放的末端处理技术也不断更新,使污水排放产生的外部环境成本的内部化程度不断提高。荷兰执行的水污染税差别税率,则是根据不同地区污水的耗氧量和重金属含量确定税率。法国将排污税的征税对象分为家庭户和非家庭户进行分类征收。

（二）根据污染要素和污染程度实行差别税费

进入21世纪以来,欧盟各成员国在解决环境外部性问题上,越来越注重环境成本内部化的税收手段运用,不断强化税收的环境成本内部化功能,环境成本内部化的税收在欧洲国家发展迅速,发展最快的是瑞典、荷兰、比利时,其次是英国、法国、意大利和德国等。为了限制污染排放,使污染排放量控制在环境阈值范围内,欧盟国家根据构成环境成本各环节,充分考虑社会再生产对环境污染程度以及污染周期,从资源开采至最终处置全生命周期都设置了相应的税种。

欧盟环境成本内部化的税收体系主要包括两类:独立式内部化的税收和融入式内部化的税收。独立式环境成本内部化的税收是针对污染产品以及污染排放进行的征税。污染产品税包括机动车税、电池税、容器税等,主要适用于消费环节;污染排放税是对固体废弃物、水污染物、大气污染物及噪声污染的排放征税,适用于生产和消费环节。融入式环境成本内部化的税收是将原有的税种融入环境成本内部化的要求加以绿色化,加入有利于环境成本内部化以及节约资源减少排污的税收条款,如能源说、资源税。

（三）依据各国国情差别建立环境成本内部化的税收结构

由于欧盟各成员国工业结构及环境条件方面存在差异,在环境成本内部化的税收政策的制定和实施中也采取了相应的差异化措施。从环境成本内部化税制立法方面看,荷兰可以说是成功的典范,通过税法规定了较多的环境成本内部化的税种以及相关优惠措施。从环境成本内部化的税收种类设计方面看,丹麦、芬兰和比利时等国的种类比较齐全,结构比较完整,突出了水资源和土地资源相关环境税。从应对环境危机进行环境成本内部化的税收改革方面考察,德国是环境税改革上比较成功的国家,采用的是环境税费并存的政策,1995 年开始实施一系列的环境税费制,倾向于采用环境税的手段实现环境成本内部化,引入了新电税,并增加现有矿产石油及天然气的税率。丹麦和芬兰则重视引进碳税和硫税等环境税种,而忽视对水资源的征税。法国和德国则正好相反,对碳税、硫税的征收比较轻视,比较重视对水资源的征税。瑞典是最早开始运用经济手段实现环境成本内部化的国家之一,其环境成本内部化的税收体系主要是以能源税和污染税为核心。

二、欧盟环境成本内部化的税收激励政策经验及其发展趋势

国际上,欧盟及其成员国在环境税方面处于领先地位,通过环境税政策的激励作用促进环境成本内部化的实现,这是把环境成本内部化同财税改革相联系的有效方法,经过多年的探索,欧盟在环境成本内部化的税收激励政策上积累了丰富的经验。

(一)欧盟成员国的税收制度绿色化

开征生态税可以将环境污染行为和环境资源的过度使用产生的外部成本税收化,通过税收手段激励企业内部化外部环境成本或补偿企业损害生态环境的修复成本,从而解决外部不经济问题,实现环境资源的合理使用以及生态环境绿色化的目标。其实通过征税补偿企业损害生态环境的修复成本,本质上也是企业内部化外部环境成本,只不过形式上表现为通过外部手段由企业向政府进行交税。因此,税收制度绿色化后,环境污染成本直接影响企业的决策行为,不管企业是选择主动内部化环境成本还是以税收形式承担外部环境成本,都可以达到实现外部环境成本内部化的目的。

欧盟成员国与环境有关的税收收入占到其国民生产总值的1%—4.5%,2004年,瑞典的能源税和环境税征收总量超过635.24亿克朗(其中能源税为372.39亿克朗,二氧化碳税为261.92亿克朗,二氧化硫税为0.93亿克朗),占该国全部税收收入的10%和国内生产总值的2.5%。[①] 环境税税收可以从某种程度上解决生态环境的可持续问题,因为环境税具有增加财政收入和环境保护双重功能,就某种税基的环境税而言,征收较高的税率,可以达到控制该物质污染的目的,但是高税率会使该税基市场缩减,从而影响收入的稳定。一般来说,以需求弹性小的产品为税基,税收收入稳定性比较好。环境税税收收入的使用有两种途径:一种是纳入国家预算;另一种是专项使用。根据传统的税收规定,任何税收收入都要上缴国库,然后用于减少部门赤字、增加公共支出或在税负一样的前提下,减少其他扭曲税种。关于税收专项使用问题,有许多争议。由于没有经过评价就将税收收入用于某个方面,会造成资金浪费。

目前,欧盟成员国对于税收制度绿化改革都比较注重,建立了比较完善环境税收制度。比如瑞典率先将所得税转换成具有环境成本内部化作用的污染税和能源税;瑞典1974年起实施了能源税,在1991年又增加了新的CO_2税,同时对能源征收增值税,此外,环境税中还增设了NO_x和SO_2税,对化肥、杀虫剂、饮料罐和废电池等也征税。自1989年开始,对国内空中运输征收HC和NO_x税。

为了绿色税收制度更好地实施,荷兰于1995年专门成立了绿色委员会,专门针对绿色税收制度的实施向主管部门提出建议。1995年年末,绿色委员会编制了第一份报告,评价了现行税收制度,尤其是交通部门的税收,并提出了改革建议,如降低私人车辆的燃料税收。第二份报告针对实施的CO_2税进行了评估,并提出了有利于环境成本内部化

---

① 参见卢中原:《瑞典的绿色税收转型及启示》,《中国财政》2007年第3期。

的建议。第三份报告是关于绿色税制改革的规划,制定了长期的绿色税制改革规划。挪威也针对绿色税收成立了专门的委员会,负责税收制度改革,以使其税收制度适应绿色化的要求。

（二）欧盟成员国环境税的发展趋势

理论界及决策部门都认为环境税是一种行之有效的、可操作性强的环境成本内部化激励政策,新环境税的开征,既不需要改变原有的税收体制,又能实现生态环境目标以及社会经济发展的需求。根据环境税征收的区域范围,现有环境税制度分为两个大类:一类是征收的环境税是针对全国,范围较为广阔的环境税制度,另一类是只针对国内部分地区,范围较为狭窄的环境税制度,前者一般集中于欧洲的发达国家,后者以美国、加拿大为代表。[①] 从世界各国目前开征的环境税种来看,主要是针对环境污染行为进行的征收,这样既有利于环境污染的减少,又能使财政收入增加,从而有助于实现可持续发展战略。丹麦和芬兰开征的环境税,其中最主要的形式有 CO_2 税和 SO_2 税,目的是促进优化能源消费结构以及节约能源,在实施环境税政策的过程中,考虑到企业国际竞争力以及不均衡税负的影响,两国又规定了环境税收入的专项使用要求以及相应的税收减免政策。

2003 年是欧盟环境成本内部化补贴政策措施深化的开始,欧盟国家为避免环境税负过重带来的负面影响,保护本国企业的国际市场竞争力,在征收环境税的同时,设置了各种各样的税收优惠,如德国对无污染排放的电车免征机动车税,对有污染排放的按其污染程度分档征收;意大利对环保车实行减征销售税;英国、芬兰对低排放污染的车辆减征机动车税。为推广可再生燃料,通过制定相关能源指令构建了生物燃料补贴的优惠政策。欧盟农业环境成本内部化的实践中,为充分发挥农业补贴的内部化环境成本功能,2003 年 6 月,欧盟开始实施与

---

① 参见周海赟:《碳税征收的国际经验、效果分析及其对中国的启示》,《理论导刊》2018 年第 10 期。

环保挂钩的农业补贴政策,改革原有的共同农业政策,构建以环境成本内部化为核心的农业补贴政策。

欧盟国家对环保产业给予许多税收优惠,激励企业加大对环保产业研发的投资。如德国实施环保产业项目研发的优惠政策后,使承担更多环保责任的企业具有更强的竞争力。在欧盟三千多家获得ISO14000标准认证的企业中,有 2000 家是德国企业,总数超过 60%。企业用于环保产业研发的投资明显增多,现阶段已经高于其他产业,对德国产业结构的生态化起到了很大的促进作用。据统计,德国的环保产业居全球第一位,其国际市场占有率达到了 21%。[①]

从欧盟的环境成本内部化的税收实践来看,欧盟国家建立的环境成本内部化的税收制度已经比较完善,而且各成员国都比较倾向于运用环境税这一手段实施环境保护。从欧盟整体环境税的发展看,其征收范围有明显的扩大趋势,设计的环境税种类也越来越多,形成了多元化的环境税格局。在欧盟各成员国环境保护实践中,各国环境设计的环境税种类差异较大,税率差别也较大,在税种的设置上能够从资源开采至最终处置全生命周期对环境成本加以内部化。

三、欧盟环境成本内部化的税收激励政策的效果

环境成本内部化的税收激励政策直接影响到微观经济主体的生产、消费以及投资,最终实现生态环境的可持续发展。由于环境成本内部化的税收激励,对微观领域的商品的生产及消费产生影响,最终将生产和消费过程中的环境成本内部化。一方面,通过价格杠杆的作用,污染者选择消费清洁的绿色能源,从而减少外部环境成本的产生;另一方面,通过税收激励企业增加科技研发投入,改进生产工艺及生产方式,为环境成本内部化提供了技术支持和可持续发展的动力。欧盟在这方

---

① 参见叶桂香:《德国节能减排政策措施及其监管体系对我省的启示》,《九江职业技术学院学报》2011 年第 3 期。

面的实践取得了良好的效果,通过实施环境成本内部化的税收激励政策改善了生态环境。

（一）优化了欧盟能源结构

欧盟各成员国环境成本内部化的税收激励政策建设过程中,为提高能源利用效率,欧盟各成员国针对能源方面的税收实行差别的税率政策,并辅以实施相应的税收优惠政策,激励消费者由矿物性能源消费转向生物能源消费,从而优化了欧盟能源消费结构,目前,欧盟对石油消耗的依赖不断降低,对可再生能源的消费需求日益上升。为了响应欧盟对能源的消费指标进行的规定:要求生物能源利用率的标准达到50%,瑞典在利用生物能源方面是世界上比例最高的工业化国家之一,其生物质能发展处于世界领先水平,2009年起,生物质能已替代石油成为瑞典第一大能源,促进了瑞典经济的绿色发展。2010年,瑞典70%的区域供暖能源为生物质能;2011年,瑞典生物质能达到能源消耗总量的31.6%。[①] 在欧盟区域供热体系中,由于环境税差别税率的作用,燃料的价格存在较大的差异,生物燃料的使用比重大幅度提高,生物能源和泥炭占区域供热体系中能源供应的比重可达50%以上。可见,欧盟环境成本内部化的税收激励政策对能源消费结构的优化发挥了主要作用,同时对降低能耗和环保也起到了积极的作用。环境成本内部化的税收制度实施改变了能源消费结构,使其向更加清洁更加环保的方向发展。

（二）改善了生态环境

从20世纪90年代初开始,欧盟各成员国针对碳排放物、硫排放物以及氢氧化物陆续开征环境税,制定了一系列的环境成本内部化的税收政策,鼓励使用含硫、含碳低的燃料,对降低污染物的排放起到了良好的效果。同时,欧盟的环境成本内部化的税收政策促进了欧盟各国

---

① 参见夏方:《瑞典第一大能源——生物质能发展概况及其启示》,《全球科技经济瞭望》2013年第8期。

环保产业的迅猛发展,为欧盟环境治理和环保产业的创新研发提供了巨大的经济动力,为欧盟实现经济绿色发展奠定了制度基础,使欧盟在国际应对环境问题上有了更多的话语权。

欧盟各国都结合本国的实际制定了相应环境成本内部化的税收政策,取得了较为显著的效果。尽管征收环境税的动态和静态效益是众所周知的,但是目前实际上没有足够的数据对欧盟环境税政策进行论证,而且在进行政策评估时总存在时间和理论数值之间的差异。我们从部分欧盟成员国的相关数据考察欧盟环境税的效果,挪威从征收 CO_2 税后(1991 年),燃煤企业的 CO_2 排放量减少了 20%,芬兰从开始征收碳税的 8 年期间 CO_2 的排放量大约降低了 7%。[①] 瑞典征收碳税的 1987—1994 年期间,其二氧化碳排放量减少了 600 万吨—800 万吨。[②] 意大利的环境税改革使 2000—2010 年间 SO_2、CO、NO_2、$NMVOC_s$、NH_3 的排放量都大幅度降低,同时还提高了就业水平、促进了社会公平。[③] 英国在 2015 年对塑料袋开始征税,七个主要零售商 2016 年 4 月到 2017 年 4 月发售的塑料袋比 2014 年减少了 83%,相当于英国每人每年使用的塑料袋从 140 个减少到了 25 个。

总之,在环境成本内部化的税收激励政策实施过程中,环境税使欧盟的能源消费结构更加符合绿色要求,生物燃料的消费需求不断上升,能源使用效率也在不断提高;同时,环境税开征较好地起到了减少污染物排放的作用,环境成本内部化的程度大大提高,为欧盟实现可持续绿色发展提供了生态环境保障。

---

① 参见张兴平等:《基于 CGE 碳税政策对北京社会经济系统的影响分析》,《生态学报》2014 年第 12 期。

② 参见周春来等:《低碳经济环境下碳税与碳排放权交易对比分析》,《安徽农学通报》2013 年第 21 期。

③ 参见黄玉林等:《OECD 国家环境税改革比较分析》,《税务研究》2014 年第 10 期。

第二节　欧盟的生态补偿激励政策

欧盟生态补偿政策的实施较早,起初为了提升农业的竞争力,欧盟对农产品实行价格补贴,导致了农业生产大量使用化肥和农药,直接导致农业生态环境的破坏。1992年,欧盟委员会就开始对共同农业政策进行改革,通过制定相关条例要求成员国实施农业补偿措施,以减少农业生态环境污染。如《农业环境措施理事会条例》(第2078/92号),对土地退耕的关联者进行补偿,标志着欧盟开始实施生态补偿政策,经过多年的实践,形成了较为成熟的生态补偿制度,可为中国生态补偿政策的构建提供借鉴。

一、欧盟的农业生态补偿激励政策

随着农业市场化的推进以及农业生产技术的发展,欧盟的农业发展较为迅速,但也带来了农业生态系统的破坏,直接影响到欧盟农业的可持续发展。此外,农业的发展导致市场供过于求,欧盟希望通过降低产出平衡农产品市场。为此,欧盟开始对农业政策进行了调整,启动休耕等农业补偿措施,其政策的目标引入了农业生态环境保护的要求,逐渐形成了欧盟农业生态补偿政策体系。

欧盟农业生态补偿政策是通过共同农业政策改革形成的,2013年后的改革中,更注重对环保标准的遵守,实施了各种生态补偿措施,以改善农业生态环境,实现农业与环境的和谐发展。现阶段欧盟为实现生态化农业生产,出台了一系列农业生态补偿政策措施,针对农业补偿政策的实施建立了专项基金,补偿的项目较多,从农业补偿的内容看,主要包括以下几方面。

一是生态敏感区域的生态补偿。在农业生产对生态环境影响敏感区域进行活动,由于自然环境受限,保护生态环境会直接导致收入的减少,农民可以获得生态补偿。生态补偿的标准考虑所在地区的生产条件、发展目标的具体情况,根据生态环境的敏感程度,执行 25—200 欧元/公顷不等的补偿标准。对条件不利地区农场主也可以申请这项补偿,要证明自己在最小的土地面积上从事正常的农业生产活动至少需要 5 年的时间,并且土地利用中环境受限问题导致收入降低,农场主可以得到 200 欧元/公顷的环境受限制补偿,对于实施受环境制约地区,补偿面积的总量控制在本国国土面积的 10%以内。①

二是保护农业生态环境行为的补偿。欧盟对农民在进行农业生产时,作出保护和改善生态环境、保持原始自然生态风景和自然资源的行为提供适当补偿,补偿的计算标准根据农民进行环保行为产生的费用及收入的损失多少加以核算。欧盟每年对本年度进行补偿的金额根据作物的性质确定,一年生作物补偿上限设定为每公顷 600 欧元,多年生作物补偿上限设定为每公顷 900 欧元,作为其他用途的土地补偿上限设定为每公顷 450 欧元。② 农业生产活动可申请补偿的行为有:保持农村自然风光和生物遗传多样性、减少化学肥料及农药制剂的使用、休耕农田、退耕还林或还草以及有利于野生动植物生长和水源保护等行为。

农业生态补偿措施对于耕地质量的保护和粮食综合生产力的提高等也发挥了非常明显的作用。如德国在 1998 年至 2003 年的 5 年时间内,化肥的使用量虽然减少了 9%,但粮食产量仍然增加了近 10%。氮元素的利用率明显提高,从补偿政策实施前的 27%提高到接近最大值的 80%,明显降低了氮元素等对环境的污染程度,农业生态环境进一步向良性发展。③

---

① 杨晓萌:《欧盟的农业生态补偿政策及其启示》,《农业环境与发展》2008 年第 6 期。

② 刘某承等:《欧盟农业生态补偿对中国 GIAHS 保护的启示》,《世界农业》2014 年第 6 期。

③ 王有强、董红:《德国农业生态补偿政策及其对中国的启示》,《云南民族大学学报(哲学社会科学版)》2016 年第 5 期。

三是农村林业补偿。对农村经济补偿将有助于推动农村林业经济发展以及维护开发农村的生态和社会职能,对农村私人所有性质的森林提供补偿的标准为每公顷40欧元至120欧元不等。有关改善生态环境的私人补偿范围包括:适于本地条件的环保型林木的种植、改善生态环境和社会价值的森林投资、提高林产品利用效率的投资等。补偿金额的核算范围主要是每公顷林业的5年抚育费,如果是在用于其他经营的土地上进行造林的,由造林造成的20年的收入损失,按林业面积进行核算收入损失予以补偿,对农场主的补偿为每公顷725欧元,对其他法人或个人的补偿为每公顷185欧元。对于公共部门在农用土地上进行植树造林的生态补偿费用仅针对其建设成本予以核算补偿。为了更好地执行生态补偿政策,各成员国建立了林场主联合会,对会员林场的可持续和生态环境管理的改进提供帮助。

由于区域资源禀赋存在较大差异,欧盟各成员国针对禀赋差异结合本国实际制定了相应的环境要求,如果农民生产活动没有达到相关要求或未履约,将不能获得补偿。为了保证生态补偿资金有充足的来源,欧盟成员国围绕农业生态环境保护要求,设计了众多的税种名目,涉及主要税种如水污染税、地下水税、垃圾税、土壤保护税等。通过税收手段调控农业环境的意向程度,并且也体现了生态补偿的公平原则,拓展农业生态补偿资金的来源渠道。

此外,由于农业产品的品质在很大程度上由产地生态环境决定,欧盟的部分成员国建立实施环境标志制度,如特定区域标志、产品标志等。德国是开展环境标志制度最早的国家,要求农场按照有机农业的标准进行农业生产活动,并进行有机农产品标识,以此提高生态标识产品市场认知度,其产品的价格也得到了相应的提升,从而也可以使进行生态保护活动的农民在一定程度上获得市场补偿。

二、欧盟成员国生态补偿激励政策的实践

欧盟学术研究领域对于生态补偿政策研究存在分歧,其中一种观点认为,生态补偿在解决环境问题上具有公共性,因此,政府应提供相应的财政资金,对保护生态环境的利益相关者给予财政补贴或政策支持;另一种观点认为,生态补偿还应包括生态环境破坏和污染者给予受损者的补偿;还有观点认为,应按生态补偿制度的内容进行分类,如划分为农业、河水流域的资源保护等;有的则认为,为确保生态补偿的落实,应通过欧洲法院建立生态补偿案件处理程序,以监督生态补偿金的支付以及补偿后的善后事宜。

由于对生态补偿的理解差异,欧盟各成员国实施的生态补偿政策也不尽相同,总的来看,欧盟生态补偿的方式主要有两类:一是政府支付的生态补偿,二是市场支付的生态补偿。政府支付购买生态环境服务是实施生态补偿的重要途径,直接决定着生态补偿政策的实施效果,最具有代表性的政府支付生态补偿案例有英国的北约克摩尔斯农业计划、德国易北河流域生态补偿和瑞士保护农业环境的补偿政策。

(一)英国的北约克摩尔斯农业计划

英国的北约克摩尔斯农业计划的实施对于生态环境的改善产生了良好的效果,可以说是欧盟生态补偿政策的成功典范之一。[①] 该政策的起点可以追溯到 20 世纪 50 年代,当时英国政府出资建设国家公园,即北约克摩尔斯公园,该公园斥资近 56 亿英镑,占地面积有近1436 平方千米,其土地权绝大部分属于私有,林业公司拥有 14.5%的所有权,国家只占有 1%的所有权。北约克摩尔斯公园的基本情况如表 5-1 所示。

---

① 参见任世丹、杜群:《国外生态补偿制度的实践》,《环境经济》2009 年第 11 期。

表 5-1　北约克摩尔斯公园的基本情况

项　目	基　本　情　况
占地	1436 平方千米
涉及人口	2.55 万人,大多聚居于 4 个村庄
园区植被构成	农田占 40%,高沼地占 35%,林地占 22%,湖水及其他占 3%
员工	共 140 名,其中全职人员 80 名、兼职人员 60 名

英国的北约克摩尔斯农业计划是根据英国的《野生动植物和农村法》(1981 年)和《环境法》(1985 年)相关要求,于 1990 年开始实施。其实施的主要目的是实现农业经营活动不会破坏其生态环境,对农场主维护生态环境及自然界野生生物的生存环境所实施的生态环境保护行为,予以经济补偿。从该计划的开展情况看,有 90% 的私有农场主符合条件,涵盖土地面积 7441 公顷,促成了农场主和国家相关职能机构达成协议 108 项,协议内容具体明确,如对农场主的工作时间及生产方式都进行了相应的规定。政府用于该计划的生态补偿经费支出日益增长,从 1990 年至 2001 年,政府投入由最初的 5 万英镑上升到 50 万英镑,计划实施过程中为实现全部预定目标,政府每年检查各项协议开展情况,多年来此项计划实施的生态效果极佳,保护了自然景观,充分发挥了野生动植物资源的生态作用,成功地保留了英国传统农业的独特景观。

英国的北约克摩尔斯农业计划区域内的土地权绝大部分属于私有,可以说此种生态补偿属于政府支付的生态补偿,具有很高的社会价值,补偿的成效在生态环境保护上较为成功,主要表现在以下两个方面:一是北约克摩尔斯农业计划的实施,提高了微观主体农业生产的环境保护意识,通过补偿的方式鼓励农场主从农业生产方式上保护生物多样性,实现生态产品更多的产出,确保国家公园不会被私有农场主过度开发而使生态环境遭到破坏。二是北约克摩尔斯农业计划的实施,通过弥补私有农场主低密度种植的损失,要求农场主在农场工作的时间不得少于50%,实现了生态补偿与生态产品提供方式结合的成效,有效转移了农业生产的压力,保留了私有农场主的管理灵活性。

(二)德国易北河流域生态补偿

易北河是欧洲的跨国界河流,捷克在河流的上游,德国处于河流的中下游。由于捷克与德国对流域污染均未实施治理,20世纪80年代开始易北河水体污染严重,严重影响到了两国的生态环境。为了对易北河流域生物多样性实施保护,改善水资源环境,从1990年起,德国和捷克达成协议,成立双边合作组织,开始对易北河流域共同采取治理措施,以减少流域污染物的排放量。① 根据两国协议要求,德国负责对流域投资建设7个国家公园,占地1500平方千米;两国在易北河两岸建立200个自然保护区,不得进行影响流域生态环境的生产活动;另外,德国环保部对于捷克针对流域建设的城市污水处理进行适度经济补偿。通过生态补偿的方式,双方共同进行整治,极大降低了易北河流域两岸排放污染物的总量,水体生态环境极大改善、确保了流域的生物多样性。目前流域环境生产鱼类可满足食用标准要求,水质也基本达到了饮用水标准,极大提升了农用水灌溉质量,实现了两国发展的互惠互赢。

德国是生态补偿最早的国家,其易北河流域生态补偿政策可以说是欧盟的流域生态补偿政策最为成功的案例,实现了跨国界的区域合作。在政策的实施中成立由8个专业实施小组,分别负责具体的政策实施工作,其政策实施的经费来源主要有:排污费、财政贷款、研究津贴以及流域下游支付的补偿资金。在德国把"补偿原则"作为主要工具应用到环境影响评估中,现行的生态补偿政策已构建了较完善的横向转移支付制度,这一制度能够有效保证补偿资金支出到位以及资金的公平核算。

---

① 参见赵玉山等:《国外流域生态补偿的实践模式及对中国的借鉴意义》,《世界农业》2008年第4期。

易北河流域生态补偿政策通过转移支付实现了经济发达地区向欠发达地区的生态补偿,对地区间的利益格局进行了调整,一定程度上均衡了地区间生态服务差异化的水平。在德国国内的生态补偿也沿用了这种转移支付方式,在州际间也建立了相应的横向转移支付制度,用各州75%的销售税建立州际财政平衡基金,根据各州居民人数通过横向转移支付进行资金分配,作为经济发达地区向欠发达地区的生态补偿,以实现各州的财政平衡。[①] 由此看来,生态补偿政策不仅可以在国内实现跨区域的补偿,也可以建立跨国的生态补偿政策。

（三）瑞士的生态保护补偿政策

瑞士的生态保护补偿政策主要体现在其生态服务政策中,其政策最重要的目标就是改善生态服务,由于瑞士生态服务的提供主要依靠农场完成,因此政府寄希望于通过对区域的农场进行生态补偿实现目标,但是如果单纯依靠财政激励难以达到预期效果。[②] 1992年瑞士重建的《联邦农业法》,依据农业的可持续性对三个层次的农业发展提供财政和补偿支持:第一层次是支持特定的生物类型,如广阔的草地和牧场、高秆果树和树篱;第二层次是支持高于保护性农业生态标准的农业生产;第三层次是支持有机农业。[③] 这三个层次的补偿政策主要通过生态补偿区域计划,实现改善生态服务目标。

生态补偿区域计划是围绕实现农业生态化展开的生态保护补偿政策,这一计划获得了瑞士民众的高度支持,将生态补偿的支付全面纳入这一政策之中,以避免与生态服务政策目标相冲突。该计划在所有的农业的区域内推行,目的是保护农业生物多样性,实现农业的可持续发展,生态补偿计划补偿的范围包括:(1)证明达到了生态环境标准农民

---

①　李禾:《国外生态补偿机制》,《科技日报》2012年5月13日。

②　Jahrl I.,Rudmann C.,et al.,"Motivations for the Implementation of Ecological Compensation-areas",*Agrarforschung Schweiz*,Vol.3,No.4,2012,pp.208-215.

③　任世丹、杜群:《国外生态补偿制度的实践》,《环境经济》2009年第11期。

可申请相关领域的生产补偿。(2)自愿遵守生态补偿区域计划实施环境保护的补偿。(3)达到生态质量标准要求,对参与区域计划的农场给予额外的生态补偿奖励。接受生态补偿的农场所在区域,可以从一定程度上保护农业生物多样性,但也存在生态补偿区域选择不合适以及生态效果不理想的情况。

三、欧盟生态补偿激励政策的实施效果

欧盟在生态补偿激励政策的实践中,取得了良好的生态效果,积累了丰富的成功经验,对我国生态补偿激励政策的构建具有重大的借鉴意义。

(一)明确生态环境保护目标,调整了产业结构

生态补偿与生态环境保护目标之间联系的紧密程度直接影响生态补偿的效果,明确的生态环境保护目标,可以使生态补偿措施的效果更加明显;反之,广泛性目标通过生态补偿措施很难实现。补偿数额与补偿的生态效果之间的关系应该建立在合理的基础之上,为此,欧盟针对各成员国的区域性所在地一级水平上建立了明确具体的生态环境保护目标,围绕预期目标构建生态补偿政策,并且在生态补偿政策的实施中,不断根据生态补偿及其生态效果的关系进行调整。

由于环境的制约,山区的经济发展相对欠发达。围绕生态环境保护目标,实施生态补偿激励政策,可以调整不合理的经济结构,实现山区和欠发达地区的经济发展与环境保护的良性互动。生态补偿激励政策的实施,促进了欧盟生态产业的迅速发展,已经发展成为欧洲最大的工业部门之一。自 1999 年以来年均增速达到了近 8% 的水平。2008年,欧盟生态产业的产值为 3190 亿欧元,占欧洲 GDP 的 2.5%,如果保持这一增长速度,到 2030 年欧盟生态产业的产值将达到 16000 亿欧元,占当年 GDP 的 5%—9%;2010 年,欧盟生态产品出口达到 240 亿欧元,占同期欧盟出口总额的 1.3%;直接创造了 340 万人的就业机会,占

欧洲就业人数的 1.5%，仅在资源回收处理等行业就创造了近 60 万个就业机会。①

（二）实现了农业与环境的和谐发展

欧盟通过实施农业生态补偿政策，激励农场主进行生态农业生产经营，从根本上降低了农业生产对生态环境的损害，使欧盟的农业生产的外部环境不断优化。近年来，欧盟生态农业上升趋势明显，各成员国的生态农业面积也都有所增加，据欧盟统计局公布的数据显示：2015 年，欧盟生态农业生产的面积约有 1100 万公顷，相当于 6.2% 的农业生产面积，比 2010 年增长了 21.1%，其中，奥地利用于生态农业生产的面积占其整个农业生产用地的比例为 20.3%，在欧盟 28 国中居首位。②

欧盟各成员国农业生态补偿政策实施中，具体政策措施提供的补偿资金直接与生态环境保护、动物保护及农场经营状况等环保标准的执行要求挂钩，引导农场主的经营决策，保证农产品市场的供需平衡。③ 欧盟各成员国通过运用农业生态补偿的激励方式，提高了农民的生态意识，驱动农场向现代化生态农业经营模式转变，促进农业生产与生态环境的和谐发展。如英国的北约克摩尔斯农业计划通过补偿农场主生态农业生产的损失，鼓励农场主实施低密度种植，不断转移增加农业生产的压力。

（三）保护了生物的多样性

从欧盟的生态补偿政策实施情况来看，获得补偿的主体行动取决于补偿激励力度，如果补偿金额足够大，接受补偿的主体愿意响应政府

---

① 参见邓翔等：《欧盟生态创新政策及对我国的经验启示》，《甘肃社会科学》2014 年第 1 期。

② 参见王怀成：《2015 年奥地利生态农业面积比例居欧盟首位》，《光明日报》2016 年 10 月 27 日。

③ 参见周颖等：《国外农业清洁生产补偿政策模式及对我国的启示》，《农业现代化研究》2015 年第 1 期。

的环境约束,会主动在生产中为生态环境服务,优化生态环境,保护生物的多样性。近年来,随着欧盟生态补偿政策的完善,生态质量也不断改善,使大量稀有物种得到了保存。如易北河流域生态补偿政策,通过生态补偿措施的实施,极大降低了易北河流域两岸排放污染物的总量,水体生态环境极大改善,确保了流域的生物多样性。近年来,德国在易北河中投放的三文鱼,存活率极大提高,使得几乎绝迹的这一物种得以保存。

第三节　欧盟的排放权交易激励政策

欧盟为了兑现自己的京都承诺(承诺期内完成减排8%),在2000年6月推出应对气候变化的第一个综合性战略框架"欧盟气候变化计划",其核心就是"排放交易机制"。欧盟建立排放权交易机制是将污染的环境外部性成本内部化到企业的生产成本中。可以说,欧盟排放交易机制是一种激励机制,它最大可能地激励企业追求以成本最低方法实现生态环境保护。①

一、欧盟排放权交易政策的建立与发展

2003年,排放交易指令在欧盟议会上投票通过,10月,欧盟委员会颁布了排放交易指令(2003/87/EC),规定欧盟排放交易机制(Emissions Trading Scheme,ETS机制)从2005年1月起开始实施,标志着欧盟温室气体排放交易机制的正式建立。按实施的时间和产业规划,欧盟排放权交易机制开始运转至今可分为三个阶段,三个阶段的配额分配、实现目标、覆盖范围如表5-2所示。

---

① 参见李布:《欧盟碳排放交易体系的特征、绩效与启示》,《重庆理工大学学报(社会科学)》2010年第3期。

表 5-2　欧盟排放权交易机制的发展概况表

阶段划分 起止时间	参与国家	预期目标	配额指标	覆盖范围
试验阶段 2005—2007 年	欧盟的 25 个成员国	京都议定书承诺目标的 45%	二氧化碳排放量为 66 亿吨/年；经欧盟委员会批准后确定配额总量，至少 95% 免费	该阶段只对碳排放有重大影响的产业加以限定，限排的行业基本上是能源供应、石油提炼、钢铁生产等能源生产和高能耗源行业
拓展阶段 2008—2012 年	欧盟的 27 个成员国及挪威、冰岛、列支敦士登	实现《京都议定书》承诺减排目标	二氧化碳排放量为 20.98 亿吨/年；90% 配额免费	覆盖行业同上，2012 年纳入航空行业排放；仅对碳排放覆盖
发展阶段 2013—2020 年	欧盟的 27 个成员国及挪威、冰岛、列支敦士登	到 2020 年实现碳排放降至 17.2 亿吨/年	由欧盟确定总量，到 2020 年实现碳排放量降至 17.2 亿吨/年，碳排放免费配额逐年线性递减，逐渐过渡到市场拍卖，企业的配额指标可跨期结转但不可借贷	行业扩大到化工、石化、合成氨、有色和炼铝等部门；氧化亚氮、全氟碳化物被纳入排放覆盖范围

第一阶段（2005 年 1 月 1 日—2007 年 12 月 31 日），此阶段称为试验性阶段。此阶段主要是进行探索尝试，获取排放权交易的经验，并不关注于温室气体的减排数量。因此，该阶段只对碳排放有重大影响的产业加以限定，限排的行业基本上是能源供应、石油提炼、钢铁生产等能源生产和高能耗能源行业，限定的二氧化碳排放量为 66 亿吨。在此阶段，设定了纳入企业的要求，只对能源密集型产业并且功率在 20MW 以上内燃机的企业进行覆盖，这样欧盟区域内的企业大约有 1.15 万家实施配额分配，其二氧化碳排放总量接近于欧盟的 50% 左右，其余的产业及其他温室气体排放交易在第二阶段实施。对于纳入交易体系的企业，碳排放配额实行免费配给，并且允许企业将剩余的碳排放配额在次年实施交易，但不能结转到下一阶段。

第二阶段（2008 年 1 月 1 日—2012 年 12 月 31 日），此阶段为欧盟排放权交易机制的拓展阶段，阶段划分与实现《京都议定书》承诺减排目标时间节点吻合。在这一阶段,欧盟排放权交易机制覆盖地域得到拓展,涵盖了欧盟27国和冰岛、挪威和列支敦士登;将航空业的减排管制体系纳入涵盖领域,以各航空公司2004—2006年的年均排放量作为基数,为航空公司安排排放配额,对不执行配额约束的航空公司采取相应的处罚措施。此阶段的最大排放配额排放量目标为20.98亿吨/年,对各成员国纳入交易体系的企业的碳排放配额基本实行免费配给为主、有偿分配为辅的分配方式。欧盟各成员国从即将分配的碳排放配额排放总量中,留取部分配额,以拍卖方式实施排放配额有偿分配,企业可根据生产发展的排放需求在排放权交易市场进行竞拍,购买所需排放权配额。如德国的碳排放配额分配方式,90%的排放配额实行免费配给,10%的排放配额通过市场拍卖完成。对于企业碳排放配额的剩余交易,可以在次年进行,也可以结转到第三阶段使用。

在此阶段,引入了《京都议定书》中的CDM和JI机制,增加了氮氧化物排放限制。对排放权交易机制进行修订的时候,欧盟主张简化和透明化交易机制规则,这样可以为其他国家或地区进行排放权交易提供了便捷的平台,有利于统一全球的排放权交易市场。对于欧盟排放权交易的发展来说,可以通过扩大排放权交易平台,提高交易市场的流动性,充分发挥市场价格机制的作用,激励企业开展环境成本内部化。

第三阶段(2013年1月1日—2020年12月31日),此阶段为欧盟排放权交易机制的发展阶段,主要是围绕欧盟每年排放总量下降1.74%的减排目标,组织实施排放权配额分配,到2020年实现碳排放降至17.2亿吨/年,比1990年减少20%,能源使用下降20%。在此阶段,欧盟针对排放权交易的前两个阶段的探索与拓展尝试进行了改进,碳排放免费配额逐年线性递减,大幅提升排放配额拍卖的比重,逐渐过渡到排放配额的市场拍卖。另外,进一步扩大体系覆盖的行业,以提高排放权交易的需求总量,对欧盟能源和制造部门提出了更高更严格的环境成本内部化要求。

在这个阶段最显著的变化是取消成员国国内实行国家分配方案，由欧盟直接面向企业进行排放权配额发放，在涵盖领域及覆盖范围上的变化主要是将航空业和交通业等产业正式纳入排放权交易体系，对某些新的工业领域也开始覆盖，并且从 2013 年开始对于 CO_2 以外的其他温室气体也进行了相应的限制，环境成本内部化管制的范围进一步扩大，环境成本内部化的减排配额的供应源也开始关注碳汇与碳的封存。在此阶段进一步规范了欧盟排放权交易机制，引入了风险管理机制，以提升排放权交易公平与公正及风险的防控能力。由此可以得出，欧盟排放权交易机制实施采取的是谨慎的态度，逐步在各产业分阶段推进落实，确保排放权交易市场的平稳发展。

目前，欧盟排放权交易市场是全球最为重要的排放权交易市场，统计数据显示，2014 年欧盟排放权交易市场的碳交易规模达 410 多亿欧元，占全球碳交易的 92%。截至 2016 年，欧盟碳交易市场欧盟配额的交易量近 40 亿吨碳，覆盖约 1.1 万家能源消费企业，涉及排放量约占区域的 50%。欧盟通过碳排放交易机制实现了其在国际社会中的减排承诺，同时也为其他国家建立碳排放交易机制积累了丰富的经验和教训。

二、欧盟排放权交易的激励政策体系

欧盟排放权交易机制几乎全部覆盖了《京都议定书》所规定的市场机制，但实施对象上开始只限于二氧化碳的排放，不是控制所有温室气体排放。另外，《京都议定书》下的排放权交易机制约束国家，而欧盟排放权交易机制对各工业行业的企业进行约束，交易也主要是私人企业（包括金融机构）之间的排放配额的转让。为了实现欧洲市场与国际市场的接轨，帮助欧盟排放权交易机制所涵盖的排放实体在环境成本内部化上提供更多的弹性空间，2004 年 11 月，欧盟通过了 2004/101/EC 号指令，修正了基础性文件 2003 年第 87 号指令，实现了欧盟排放权交易机制与其他国家的对接。根据 2004/101/EC 号指令，从 2005 年起，允许欧盟排放权交易系统内的成员利用从京都项目机制中获得的减排信用抵消其排放量，这样联结了欧盟排放权交易机制下的排放配额与其他约束下的减排单位。这种联结制度可以提高欧盟碳排放交易市场的流动性，市场参与者的选择更加灵活，降低了履约成本。2008 年 1 月，欧盟排放交易机制开始向外扩展，并通过跨国的交易所，欧盟排放交易机制实现了与世界其他国家或地区的联结，如与新西兰的排放权交易机制等的联结。可以说欧盟的排放权交易机制实践为世界作出了典范，对一系列具体的内容作出了安排。

（一）配额的分配政策

排放权配额的分配制度是欧盟碳排放交易机制的核心，因此，欧盟排放权交易机制从本质上讲，属于"限额与交易"机制。1998 年欧盟成员国签订了分担协议，由于欧盟成员国之间经济发展存在着差距，如部分南欧国家的经济比西北欧国家要落后一些，因此，欧盟根据"共同但有区别的责任"，将欧盟这一减排目标分解到各成员国，达成一个减排量分担方案。减排量分担方案也兼顾了各成员国的经济发展、能源消费状况、产业结构等客观因素，如德国、英国等发达国家承担减排的责任较大；法国等国家碳排放量相对于经济总量来说不大，减排的责任也较小；南欧经济相对落后国家，排放量可以有一定的增长，不承担减排责任。

最初的欧盟排放权交易机制采用分权化的治理模式，由各成员国分别制定本国减排的"国家分配计划"落实目标，然后提交给欧盟委员会审批，一旦获得通过就不得作出更改；对于不合格的"国家排放计划"，欧盟委员会有权要求修正，甚至拒绝，如果欧盟委员会拒绝某国的"国家排放计划"，该成员国就必须重新制定。成员国制定的"国家分配计划"，需要对涵盖的排放实体列出清单，明确每个承诺期成员国政府把分配到的排放配额分解给国内排放实体的排放配额。

配额初次分配方式有无偿分配与有偿拍卖两种。排放权交易机制的第一阶段，欧盟各成员国中的绝大多数实行无偿分配的方式将排放配额赋予企业，无偿分配的配额占到排放总量的95%，其余5%的配额通过有偿拍卖或者市场交易形式予以分配；排放权交易机制的第二阶段，免费配额下调为90%，以后持续下调；排放权交易机制的第三阶段，欧盟改革了配额初次分配方式，由欧盟直接面向企业进行排放权配额的分配，取消了成员国的本国分配方案计划，并且此阶段将要求进一步提高排放强度，免费分配方法将采用行业基准法，超出基准的部分需通过拍卖或市场获得，并且免费配额逐年线性递减，逐渐过渡到市场拍卖，对于企业的配额剩余指标可跨期结转但不可借贷。由于全球生态环境的压力及排放总量约束，欧盟发放给企业的排放权配额将成为环境成本内部化的直接驱动力。根据欧洲议会环境委员会的决议，从2021年起，将碳配额发放的上限从逐年减少1.74%调整为逐年减少2.2%，并于2024年再次调整该指标，以符合欧盟碳交易机制在2030年的排放量比2005年减少43%的目标要求。欧盟配额设置方式的调整，实际是在努力强化对配额总量的控制。

（二）交易许可政策

在欧盟排放交易的许可政策下，排污企业要向主管部门提交排放许可证的申请，对经营者按照相关规定进行排放核证（核证包括排放权配额的核证和通过实施项目获取的减排量的核证），授权排污企业排放权配额并发放许可证。许可核证制度对排放的监控及报告作出了规定，要求企业在年度结束后，提交核证装置减排报告。如果企业未实施核证或提交的排放报告不合格，排放实体则不能再转让或出售其配额。完善的许可和核证制度，可以保证排放实体环境成本内部化（排放量和减排量等）相关数据资料的正确性，实现排放权配额与交易过程的合法与公平。

对于新的产业加入者预留免费的许可，同时对停工的企业没收排放许可。欧盟各成员国排放许可按先到者先得的分配原则进行且预留比例差别很大,波兰最低,只有 0.4%,而马耳他高达 26%,大多数成员国在到期时会拍卖排放许可,也有的成员国将剩余的预留许可作废。对终止生产的企业排放许可,欧盟成员国处理方式差别较大,有的允许拥有者继续持至交易期满,有的成员国采取"转让规则"处理,即允许拥有者将其转让给其他人,主要是新产业的加入者。

(三)配额的转让政策

在排放权交易政策的约束下,欧盟配给的排放配额决定着企业生产过程中的污染排放权限,一份配额意味着企业拥有一单位污染当量的排放权利(也可以看成企业拥有的资产),并且排放配额可以在欧盟范围内进行交易。与其他商品一样,排放交易市场里的排放配额价格也由供求关系来决定。自 2005 年 1 月欧盟排放权交易机制正式运作以来,排放配额交易价格出现了大幅度的震荡,2014 年,碳排放权交易价格基本维持在 4.3—5 欧元。

在排放交易市场上,某些排放实体通过生产技术改进、节能管理、升级产品等措施的实施,排放许可配额高于当年的实际排放量,也就是说他们拥有了多余的排放权配额;也可能有一些排放实体由于种种原因,出现排放许可配额低于当年的实际排放量。根据欧盟规定,排放实体在每个年度结束后必须核证其实际排放量等值的排放配额,超出排放配额的排放实体将面临高额罚金,因此必须想办法凑足排放配额,其中最好的选择是向排放配额节余的排放实体购买配额。从长远来看,这一制度对所有排放实体减少排放量,实施环境成本内部化有较强的激励作用,其客观效果会促使低碳节能技术应用、提高清洁能源的消耗比重,最终实现整个行业的排放量呈现下降趋势。

欧盟排放权交易机制从拓展阶段开始,允许企业把本阶段内未使用的配额结转到下一阶段使用,并且每个阶段配额可以在不同年份中进行跨期存储。

（四）监督处罚政策

欧盟排放权交易机制的关键是在配额分配后的排放实体具体执行,为此,建立了一套严格的监督处罚制度。排放实体必须根据其分配的配额在每年的年末,核算一年的排放量,如果排放实体在当年的实际排放量有结余,可进入交易市场进行交易;如果排放实体在当年的实际排放量超出其排放配额,且未能通过其他方法补足排放权配额,就要受到超额排放的处罚。罚款额度相对于交易市场的配额交易价格高出很多,比如 2008 年后碳超额排放的处罚为 100 欧元/吨当量二氧化碳,2008 年后欧盟碳排放权交易市场的年平均价格最高为 22 欧元。

超额排放的处罚有严密的排放监督与报告制度,欧盟的排放监督与报告制度是以上述许可和核证制度为基础。纳入排放权交易机制的排放实体,必须从主管部门获得排放许可,而获得排放许可的前提是,排放实体有能力监测和报告该企业的排放情况。年度结束后,接受排放权交易机制管理的排放实体必须提交其当年的排放情况的报告,并且报告要经过独立核查机构依据欧盟相关法规实施的验证。通过验证的报告和独立核查机构的验证结果,都要加以公布,接受公众及社会环境组织的监督。

三、欧盟排污权交易政策的实施效果

欧盟排污权交易机制作为环境成本内部化的经济政策,建立的最初目的是兑现《京都议定书》的承诺,实现其节能减排目标,有效地帮助企业履行减排义务。欧盟排污权交易机制从 2005 年正式运行以来,在实现碳减排目标上是成功的,在 2005—2007 年欧盟排污权交易机制的第一阶段,以每年降低排放 2%—5% 的速度实现碳的减排。2005 年欧盟排污权交易机制运行以后,欧盟能耗指标也明显下降,虽然时间较短,但从相关环境指标数据变化来看,对于企业实现环境成本内部化来说,发挥了积极的推动作用。

（一）提高了欧盟企业的能源效率

欧盟企业在排污权交易激励措施的作用下，充分利用节能减排技术，极大降低了二氧化碳的排放。企业可以把由于碳排放降低节省下来多余的排放许可配额，拿到交易市场上变现，排放配额就转变成为企业的资产，通过排放许可配额体现在企业的资产负债表，这样可以把原本一直游离在资产负债表外的环境成本，纳入企业的会计成本。由此欧盟企业的排放许可配额会改变资产负债状况，这将直接影响其投资与决策，如电力行业开始考虑煤炭燃料转换天然气，投资重点开始向可再生能源、清洁能源和低碳技术方向倾斜，排放许可配额越大对企业投资与决策影响也就越大。从提高能效方面的研发资金投入看，欧盟实施排污权交易机制为企业提高能效研发费用提供了经济动力，改变了欧盟企业对节能减排技术研发积极性较差的局面。从发展趋势上看，欧盟排污权交易机制对未来提高能效的激励作用将会更强。

（二）排放配额价格的调控作用显著

2013 年，欧盟取消成员国国内实行国家分配方案，配额将对排放源直接发放，免费分配方法采用行业基准法，超出基准的部分需通过拍卖或市场获得，排放许可配额的市场交易价格更能合理地体现生态环境资源的价值。这样看来，欧盟排污权交易市场起着决定性的作用，其依托的欧盟排放权交易机制可以说是世界上最为完善的交易机制，从覆盖的污染排放企业数量看，也是世界其他国家不能比的最大排放交易市场。从欧盟排放权交易市场建立至今，流动透明的排放权价格已成为欧盟有效配置排放权的基础。

在欧盟排放权交易市场上，完善的排放配额价格机制已经基本形成，交易价格完全由排放配额的市场供求决定。市场供给除了受到分配的排放配额的影响外，还与企业上阶段结余的排放配额指标直接相关，排放权交易需求由排放实体的实际排放量决定。

排放配额价格机制的形成，使排放许可配额的市场价格与环境资源的价值及环境成本的相关关系更为显著,企业如果不采取节能减排措施,意味着将承担更多的环境成本,排污权交易对企业的生产和投资的决策产生了直接影响,排放许可配额的价格变化已能准确反映企业的环境成本内部化程度。

（三）促成了环境成本内部化的金融市场形成

2010年,欧盟排放权交易市场上排放配额交易达到1198亿美元,占到了全球份额的80%多。欧盟排放权交易市场的活跃,催生环境成本内部化的金融产业发展。欧盟成立欧洲气候交易所进行排放权交易后,又相继成立了北方电力交易所、未来电力交易所、欧洲能源交易所等多家交易所,产生了排放权交易的金融衍生产品。环境成本内部化的金融机构也逐渐加入到排放权交易市场,环境成本内部化相关的投融资、银行贷款、排放期权期货等金融工具支撑的环境成本内部化金融市场逐步形成。

欧盟环境成本内部化金融市场的发展,丰富了环境成本内部化的市场手段,对欧盟企业开展环境成本内部化起到了巨大的促进作用。激励企业不断改进节能减排的应用技术,控制排放许可配额的使用,已将更多的节省的配额进行市场交易,转化为企业的资产,这样又促进了排污权交易制市场的繁荣。

小　　结

现阶段,中国地方经济发展极不均衡、生态环境问题已经凸显,在国际协同解决生态环境问题及应对气候的压力下,亟须通过环境政策改革,在不加剧区域经济发展矛盾的前提下,提高生态环境质量。欧盟成员国采取环境成本内部化激励政策的实践,为中国通过完善环境成本内部化政策,提供了宝贵的经验借鉴。

一是为中国环境成本内部化的税收激励政策的构建提供了现成的

经验。首先,进一步"生态化"现行税制。中国现行税制中的消费税、资源税、城市维护建设税等税种具有环保的性质,体现了保护环境和节约资源的意图。一方面,可以扩大这些税种的征收范围,如消费税,按照生态化要求,对环境造成污染的消费品,如洗涤剂、塑料袋、一次性餐饮用品等纳入征收范围;另一方面,提高现有征税税率和实行差别税率政策,以鼓励企业和个人使用更为环保的燃料和治污技术,加快环境成本内部化。其次设计征税、收费整合方案。开征新的环境税税种,调整征税与收费的结构,提高环境成本内部化程度。通过"费改税"可以将原预算外排污收费纳入预算内,提高环境保护资金的使用效率,以治理资源消耗和控制污染排放,提高环境成本内部化效果。环境税是最能体现环境成本内部化本质的税种,中国也可借鉴欧盟国家的经验开征此类税收,根据中国的实际情况,可选择的课税对象是直接污染环境的行为或是在消费过程中造成环境污染的产品。

二是围绕生态目标确定生态补偿激励措施。欧盟的生态补偿激励措施多数都包含政府与补偿受益者之间的合约,合约具有明确的生态目标,生态补偿激励措施只有追求明确的生态目标才会取得明显的效果。补偿效果取决于补偿受益者能否按合约要求付出行动,因此,后续监督尤为重要。另外,由于补偿激励措施对生态环境的影响并不能立刻显现,常年对生态环境进行监测和评估是必不可少的。

三是制定国家排污权初始分配指导政策。将排污权指标分为免费分配和有偿使用两部分,免费分配的比例由地方政府在国家分配指导范围内兼顾地区发展作相应调整。这样分配,既可以通过适当比例的有偿使用排污权指标,体现环境自然资源的价值,又可以将环境容量约束下的排污权指标免费分配给企业,有利于消除企业推行环境成本内部化的抵触心理,有利于减轻企业开展环境成本内部化的资金压力,有助于排污权交易政策与其他环境成本内部化政策的衔接。

第六章 环境成本内部化的
政府激励政策设计

　　由于市场配置具有公共物品性的环境资源出现失灵现象,导致经济运行产生了大量的外部环境成本。因此,完全依赖市场机制的作用,由企业自发地将环境成本内部化比较困难。但是也并不是说,企业的生产经营目标和环境成本内部化的目标一定是相互冲突的,企业的生产经营目标和环境成本内部化可以同时实现,两者互相促进。就现实情况来看,有两条途径可以实现企业环境成本内部化:一是企业生产技术的突破,企业通过生产技术的突破可以减少对环境的影响,从而降低了外部环境成本,当产生的外部环境成本降低到环境吸纳能力之内,即可实现全部环境成本内部化。当然这是一种最理想的途径,能够从本质上实现生态环境的绿色化发展,但是环境吸纳能力难以计量,由此确定外部环境成本的标准难以操作,并且需要较为长期的实践探索方可实现。二是构建针对性较强的政府激励政策,特别是在开展环境成本内部化工作的初期和成长期,通过政府的激励促使企业将环境外部成本内部化。实际上,相关企业和科研机构在技术突破的研发期没有足够的动力,也需要政府的激励政策驱动。

第一节 健全激励导向的环境成本
内部化制度基础

由于制度安排直接决定着政策的效果,不同的国家即使采用相同的政策也会产生迥然不同的结果,新制度主义提出了"行为—制度—政策结果"的模式,认为对制度分析是研究政策的基础,从具体的制度基础出发考察政策,才能对政策的选择作出正确分析。因此,我们从制度经济学的有关理论出发,对中国的产生环境成本的环境行为进行分析,探究适合中国内部化环境成本的制度。从前面章节对环境成本的分析来看,通过市场机制纠正环境成本的外部性具有局限性,决定了环境成本的内部化需要公共部门通过相应的制度安排加以纠正,主要从以下几方面健全制度基础。

一、完善环境成本内部化的法规体系

健全激励导向环境成本内部化制度基础,首要的是建设完善环境成本内部化的法规基础。对中国的环境成本内部化等相关法律认真进行梳理,并对现有环境保护的法规条文不适应中国市场经济要求及环境法规间存在矛盾的内容进行修订,同时针对新的情况及趋势出台新的环境法规进行补位约束。

通过修订现有法律和制定新法,不断完善环境保护法律体系,从法律上、制度上推动顶层重大环境部署的落实,解决环保事业发展中带有根本性、全局性、稳定性和长期性的问题。现阶段,中国在环境资源领域有现行大量立法,如《中华人民共和国环境保护法》《中华人民共和国大气污染防治法》《中华人民共和国水污染防治法》《中华人民共和国固体废物污染防治法》《中华人民共和国海洋环境保护法》《中华人民共和国环境噪声污染防治法》《中华人民共和国固体废物污染环境防治法》《中华人民共和国环境影响评价法》等,这些立法虽然都围绕着环境保护,但不是在环境成本内部化相关理念基础上制定的,甚至有许多立法的内容甚至与环境成本内部化毫无关联。鉴于此,为促进实施环境成本内部化,多渠道、多途径降低排放浓度、减少排放量,应加强对环境成本内部化的相关立法修订,通过修订相关立法实现中国立法与国际环境条约相关制度的对接机制。

根据中国环境立法的现状和中国环境治理的需要,修订现有的相关环境治理法规,完善中国环境成本内部化的相关法规内容。环境污染治理的法规需要修订的内容包括:对于环境资源需进一步明确产权制度以及排污的总量控制制度;进一步细化排放许可证制度,通过环境法规实现环境资源有偿使用与排放许可证制度有机结合;进一步加强排污收费制度和生态补偿制度,对于环境友好行为实行优惠及补偿政策,对环境不友好行为征收排污费及生态补偿费;探索建立以污染排放量为依据的直接污染税和以间接污染为依据的环境税。

为了对环境成本内部化的法规进行更好的补位约束,需要针对外部环境成本的产生制定相关法律法规。如环境污染成本评估方面的法律、有关环境污染损害赔偿的法律、涉及跨界环境污染及赔付补偿问题的法律。同时,针对环境污染规制还要进一步加强其能力建设,完善制定相关的法律法规,并规范执法行为。如针对环境成本计量与管理方面的法规及环境成本内部化监察监管方面的法规等。考虑到目前中国环境成本内部化工作实施的现状,可以建立符合中国国情的环境成本内部化制度立法模式,在此基础上制定专门的环境成本内部化的法律法规,完善中国环境成本内部化的法规体系。

二、健全环境污染排放标准体系

环境污染物排放标准是根据国家的污染控制技术和环境质量标准的要求,考虑排放单位的整体经济承受能力,对排入外部环境的污染物和产生污染影响进行的限制性规定。污染物排放标准是进行环境监督管理的依据,制定科学的污染物排放限制是环境质量的保证,可以实现环境污染排放标准与环境保护目标的衔接,突出环境成本内部化制度的激励导向。近些年,环境保护部门颁布了大量的污染排放标准,形成了国家排放标准、地方排放标准、行业排放标准并存的污染排放标准体系,排放限值指标限制非常严格,有些污染排放限值的严格程度比国际上的限值还要高。但是,污染排放限值并不是越严格越好,有的污染排放标准排放限值指标制定不合理,如污水综合排放标准(GB8978—1996)中第二类污染物最高允许排放浓度要求铜离子的排放限值是0.5毫克/升,而生活饮用水卫生标准(GB5749—2006)要求的铜离子的限值是1毫克/升,也就是说,生活饮用水就超过了工业废水的排放限值。因此,应尽快开展制(修)订污染物排放(控制)标准工作,加快完善中国的环境污染排放(控制)标准体系。

环境质量标准是制定污染物排放(控制)标准的依据,符合中国实际的科学环境标准是完善中国的环境污染排放(控制)标准体系的基础。世界上许多发达国家根据公众的健康标准要求以及企业可承受水平制定了科学的环境标准,对中国环境质量来说环境污染已经产生了严重的影响,对公众健康造成了严重危害,特别是水资源环境。因此,应结合"十三五"期间环境保护的重点任务,建立科学合理的环境质量评价技术规范体系,修订关于水环境质量方面的标准,重点对水中有机污染物标准样品进行研制工作。

为了健全环境污染排放标准体系,应努力实现环境污染排放标准的制度化、规范化,充分调动环境保护部门的监测、管理及科研的积极性,强化与产业部门和企事业单位的合作,建立与发达国家的政府或科研机构针对环境保护标准制定方面的合作。进一步规范地方环境保护标准备案工作,加强指导地方环境保护部门的标准制(修)订工作。

三、健全激励导向的环境成本内部化制度

新制度主义理论对政策选择界定为,在制度约束条件下的政策网络中的主体相互博弈的结果,当制度形成后,通过左右人的策略选择影响政策。从这个意义上,健全激励导向的环境成本内部化制度对环境成本内部化激励政策的选择具有重要意义。

（一）环境产权制度设计

2019年,中共中央办公厅、国务院印发的《关于统筹推进自然资源资产产权制度改革的指导意见》对健全自然资源资产产权体系作出了具体部署,在此基础上构建的自然资源资产产权制度是环境产权制度的重要组成部分,可以体现生态环境价值和环境资源的有偿使用,对推进环境成本内部化的促进作用至关重要的。由此,中国现阶段首要的任务是尽早设计完善的环境产权制度,以促进环境产权的市场交易机制的形成,最终实现环境成本内部化,促进生态文明建设。

对于环境产权制度的设计最为重要的基础是对环境产权体系中的一系列环境权利归属予以明确的界定,需界定的环境权利包括环境自然资源的所有权、使用权、收益权等。首先环境所有权界定就是环境资源的归属。现阶段,中国的法律制度并没有明确环境资源归谁所有及相应的代理人。鉴于中国环境资源在社会发展中的作用,应该将环境资源的所有权确认为国有,由国家行使环境资源所有权。因此,为了对环境资源进行有效的配置,可以按照委托代理的形式配置环境资源所有权,中央政府需要划分单元,可以以行政区域划分,将环境资源委托给地方政府实施管理;也可以建立跨区域的环境资源管理模式,根据环境资源的形态特点(如河流、森林)划分单元,将环境资源委托给专门设置的单元机构实施管理,这样的委托代理关系可以更为有效地进行环境资源配置,同时对于环境资源的管理责任也更加具体和明确。

其次是对环境资源使用权和收益权的安排。界定环境资源使用权

的目的是通过规范环境资源使用者的行为,实现合理合法地利用环境资源,它是建立和完善环境产权制度的最重要内容。在环境资源使用权的安排中,任何企业、组织和个人都依法享有一定环境资源使用的权利。其中最关键的是如何实现环境资源使用权的有效配置。环境资源收益权的界定是指环境资源使用者和环境资源产权供给者如何通过环境资源产权运作获得相应的收益。目前,由于中国环境收益权的安排缺失,环境资源供给者得不到合理的补偿,如对中国生态环境作出了巨大贡献的西部林区、生态保护区,不能得到合理的收益,这就导致了西部地区的政府和居民对保护生态环境资源缺乏应有的积极性,致使环境资源的供给处于无效率状态。所以,对环境资源产权制度设计,要保证环境资源使用权和收益权得到明确的界定,让环境资源供给者和使用者都得到合理的收益,激励环境资源使用者和供给者,有效保护环境资源和合理使用环境资源。

此外,环境产权制度的设计还应该明确损害环境产权的责任,把产生生态环境损害的责任具体到地区、企业或个人,针对损害责任建立相应的生态环境补偿机制,如针对矿业企业生产对环境的损害建立矿区生态恢复的责任机制和生态环境治理补偿机制,使环境损害者承担其生产经营过程中实际发生的环境损害成本,形成"完全成本价格",对严重的环境损害,特别是那些高污染、高耗能产业,应承担相应的经济赔偿或行政处罚责任。

(二)污染物总量控制制度设计

价格规制、环境税收、排放交易等环境成本内部化激励政策,都是建立在污染物总量控制制度基础之上的。污染物总量控制是采取有关措施将某区域系统的污染物排放总量控制在一定数量以内,以满足该区域生态环境质量的要求。20世纪80年代,中国开始在水污染控制领域进行总量控制的试点工作,一些地方法规对总量控制进行了规定。中国正式对污染物排放进行总量控制的工作,是从1996年开始的,以

"九五"期间针对主要污染物制订的排放总量控制计划实施为起点,目前,污染物总量控制制度已经成为中国环境政策体系中的重要制度,污染物总量控制的实施也取得了一定的效果。污染物总量控制制度下,总量控制指标可以经科学的分配,转变为可计量的具有明确产权的指标,企业可以计入会计成本,但关于污染物排放总量如何确定、污染物排放总量如何分配一直没有一个完善方法。

完善污染物总量控制制度的关键是污染物总量控制标准设计。对于污染物总量控制标准的设计,学术界的观点基本一致,认为设计污染物总量控制标准时应根据环境容量规定污染物的排放限额,一般以一定期间内排放的污染物总量统计,为确保制定的总量标准是科学合理,在实施前要对制定的总量控制标准进行科学论证。以上观点目前仍留在理论研究层面,实践中,对现行的总量控制标准进行论证的相关规定还没有出台,按过程控制的要求,相关环境保护部门应尽快完善制定相关规定,确保总量控制标准的科学性。

污染物总量分配是按照国家制定的原则与标准将规定的污染物总量通过一定的方式在各单元间的流转与变动。中国现阶段污染物总量分配是在以地方各省、市行政区域划分的单位之间流转,这种污染物总量管理方式不适合环境资源环境的形态特点。也就是说中国现行的污染物总量分配与污染排放总量控制不能很好地衔接,如现行的污染物总量行政区分域分配控制对整个流域污染防治难以实现应有的作用,所以在污染物总量分配中应充分考虑某些环境要素的整体性,建立跨区域的环境资源作为总量分配的区域也显得尤为必要。

改善环境质量、满足人体健康需求,是中国环境成本内部化的终极目标。总量控制作为改善环境质量的重要手段,"十三五"时期应对现行污染物总量控制的制度进行完善,重新设计制度内容和技术方法,将污染物总量控制制度以实现任务目标导向转变为实现环境质量目标导向。

(三)排污许可证制度设计

排污许可证制度是规定许可企业排放污染物的种类、数量的制度，是实施污染物总量控制的重要手段，通过向企业分配许可排放量，明确企业的环境资源的使用权。但由于缺乏规范的监测方案，实践中有的环境监测数据缺乏代表性，不能保证环境数据的质量，另外，现行排污许可证制度的处罚手段单一且处罚力度不够，直接影响了其实施的有效性。为了充分发挥排污许可证制度的环境成本内部化作用，需要尽快完善排污许可证制度。

实施分级管理的排污许可证制度。按企业排污性质和规模，将排污许可证制度具体的管理权限适当下放给省级和市级环保部门，明确各级环保部门间的委托代理关系，同时为保证监督和核查公正性，建立独立的第三方评估制度。按目前排污许可证制度的要求，企业经过三个月的运行能够实现污染物达标排放，就可以申请环保验收，验收后即可办理排污许可。排污治理设施是否能稳定运行并实现污染物达标排放，涉及的因素较多。因此，应建立独立的第三方的技术评估制度，在运行后、申请排污许可前，经第三方评估合格后才准许办理排污许可。

整合和统一环保排放控制政策。目前对企业的污染物排放量进行核算和统计的环境管理制度有：环境影响评价制度、环境统计制度、排污申报制度等；但是这些制度由于管理目标上的差异，要求企业进行污染物排放量核算的方法有所不同，造成了企业污染物排放量核算数据无法统一。因此，对现有的环保排放控制政策加以整合，在此基础上要求企业对污染物排放进行统一的控制管理，可以降低环境制度的实施成本，减少环境政策的实施阻力。要整合与协调各级环保机构和部门，以污染源的全生命周期管理为主线，以目前的国家环境评价基础数据库为基础，建立全国环境数据信息管理平台。另外，为实现排污许可证制度持续发展，建立排污许可证制度的评估与更新机制，在排污许可证制度实施一段时期后需要对实施效果、管理成本等进行评估，并据此不断更新和完善实施的程序和管理的内容。

（四）排污收费制度设计

中国使用最广泛的环境成本内部化价格政策是排污收费制度,并且这一政策在未来的一段时间内还会继续运用。但是,现阶段排污收费政策实施的收费标准不能充分体现中国环境资源的稀缺性,与环境的治理费用和环境污染损失相比,排污费标准明显过低。此外,目前实施的基于污染物超标排放的排污收费制度,对削减污染物排放起到了一定的促进作用,但不能实现对环境容量资源的有效配置;基于排污许可制度的排污权初始有偿使用,对环境容量资源的合理分配起到了一定的促进作用,但不能实现对污染物排放的削减。因此,改进价格激励政策是既实行基于排污许可制度的排污初始权有偿使用,又实行基于污染物超标排放的排污收费制度。也就是说,实施环境成本内部化的政府激励政策,需要配合运用排污收费、排污权有偿使用和排污权交易等激励手段,"三管齐下"同时实行。这样,才能有效解决由于排污收费的征收标准过低产生的环境成本内部化激励作用不明显的问题,排污费的征收标准应至少达到企业的边际纯收益的水平,才能达到激励企业主动实施环境成本内部化的效果。

《"十二五"全国环境保护法规和环境经济政策建设规划》提出了完善排污收费制度的要求,修订排污费征收标准管理办法,完善城镇污水和垃圾处理收费政策,逐步提高收费标准。排污收费作为环境成本内部化手段,对环境污染具有预防和控制的作用,为了真正实现环境成本全部内部化,应根据环境污染治理成本科学设定排污收费的标准。所以,应详细调查对生态环境产生影响的主要污染物治理费用,据此调整排污收费标准,激励企业增加环境污染治理投入。

根据环境经济学理论,单位污染物排放在不同的区域环境下产生的边际环境损害存在差异:对于区域环境容量小的地区,产生的环境边际损害大;环境容量大的地区,环境边际损害就小。中国幅员辽阔、区域经济发展差异较大,存在着污染物区域转移、区域环境容量差别等因素。排污收费标准的调整要考虑这些差异因素,根据地方环境污染治理运行费用,结合环境管理的效果、经济发展水平状况及物价水平等加以调整,排污收费制度由现在的静态收费向动态收费过渡。另外,应针对不同的企业建立差别的排污收费标准,控制污染跨区域转移现象的发生。

实施排污收费制度的过程是政府进行环境管理的过程,这一过程会涉及众多利益主体,存在主体间的博弈选择,有可能出现政府失灵,造成排污费效率的降低。也可以创新排污收费制度征收的新模式,如开展环保任务的民营化,在政府主导的排污收费制度中吸引民间投资,使民间资本参与环境保护投资,即民间资本通过获得环保项目的特许权,进行环境基础设施建设投资,建成后民间资本获得一定期限环保项目经营权,期限内环保项目利润用于民间资本收回投资并取得一定利润,最终将环保设施无偿上交政府。这样,民间资本与政府是合作关系,通过公共环境基础设施的建设和经营实现双赢,由于民间资本的加入,减小了政府"寻租"的可能性,减少了政府的财政投入;在市场化机制的运行下,提高排污费征收的效率。

第二节　价格激励政策设计

价格激励政策是国家为达到预定的经济运行目标,在商品价格上所采取激励措施的总称。价格激励政策对生产者和消费者的收益分配产生直接影响,从而可以引导企业进行环境成本内部化。党的十八大报告指出:"深化资源性产品价格和税费改革,建立反映市场供求和资源稀缺程度、体现生态价值和代际补偿的资源有偿使用制度和生态补偿制度。"2015 年 10 月,发布了的《中共中央国务院关于推进价格机制改革的若干意见》(中发〔2015〕28 号),也提出了完善环境服务价格政策的要求,为环境成本内部化的价格激励政策明确了方向,逐步使企业排放污染物承担的费用高于主动治理的成本,提高企业主动实施环境成本内部化的积极性。

中国价格激励政策设计的基本目标是,按照中国特色的社会主义市场经济要求,坚持社会主义市场经济的发展方向,建立能够有效体现环境资源与能源的市场供求关系和稀缺程度、生态环境损害和污染治理成本的激励价格,逐步理顺环境资源与能源产品的价格关系、环境污染治理的成本和价格关系,充分发挥市场价格机制的作用,实现鼓励市场供给、提高效率和促进社会公平的效果,推进生态文明建设,为实现低碳经济发展创造价格激励机制和政策环境。

一、环境资源价格激励政策设计

在市场经济下,价格机制是资源配置的核心,价格的形成是由供求双方自主确定。中国的环境资源市场没有形成明确的定价机制,这也是环境资源价格政策不完善的重要因素。为维护环境资源市场运行秩序,应加快发展方式的转变,要求因扭曲而偏低的资源价格回到合理水平,要求部分由社会承担的环境损害成本内部化为企业成本,要求在节约资源、提高效率、环境保护上有更多投入。所有这些都表明,深化能源资源价格改革是转变经济发展方式的迫切要求和必由之路。

环境资源价格激励政策设计要坚持市场导向,充分发挥市场的资源配置作用,建立能够有效体现环境资源与能源的市场供求关系和稀缺程度、生态环境损害和污染治理成本的激励价格形成机制,理顺环境资源与能源产品的价格关系。在方法上要做好价格调整与价格形成机制改革的双向协调;要改革现行不合理的管理体制,转变政府职能,减少政府的干预,纠正政府定价和监管的失误与失效;健全市场体系,促进行业内外的有序竞争,解决环境资源与能源性产品的部门和行业垄断问题。由于环境资源与能源产品供求关系和稀缺程度、生产经营特点存在差异,价格政策设计既要反映其形成的一般性,又要根据其生产使用各阶段的特点,考虑各产品的生产经营状况,进行差别设计。

资源产品激励政策设计(以水资源为例),应根据水资源的不同用途确定合理的价格,水资源合理的价格包括两层含义:一是水资源的成本构成有资源成本、供水成本、环境成本、生产成本,合理的水资源价格应在上述成本上加税金和合理的利润形成。二是合理的水资源价格决定的市场供求量不能超出可持续开发与利用水资源的承载能力。从中国目前的水资源价格执行现状看,水资源价格的改革应根据市场水资源需求变化情况,逐步提高水费,最终完全成本构成的水资源价格应充分体现水资源的稀缺性、能够反映水资源的实际环境资源价值。建议国家进一步完善相应的水资源获取、使用、收费及管理的规定,制定统一的国家指导性水价;对于水资源价格的执行,各地区根据本地水资源分布的特点和需求变化,制定有利于合理使用水资源的价格,逐步完善以合理配置水资源、提高水资源利用效率为核心的可持续发展水资源价格机制。

能源产品激励政策设计(以电为例),加大差别电价政策,建立差别电价执行与退出的动态管理机制,可以根据行业不同实行差别电价,也可以根据能源消耗水平实行差别电价,甚至对超过国家和地方规定的企业实行惩罚性电价政策,通过执行差别化电价这一激励手段,可以推动产业的转型升级和产业结构调整。另外,为了激励居民对环境资源、能源的合理使用,按照基本消费与非基本消费的划分理念,实施完善居民阶梯价格政策体系,对居民水、电、气等环境资源、能源的消费实施阶梯式价格政策,对超过基本需求的消费实行较高的价格,通过价格杠杆限制过度消费,可以调整居民能源消费结构。

目前的政府的环境资源价格激励政策,在一定程度上的确能控制东部地区的煤炭消费并实现东部地区的污染产业转移。但推出的向西电东输以及煤制气等措施,会加速西部地区的外部环境成本的产生,因此,在环境资源价格激励政策设计上应该尽可能地避免环境污染转移机制在东、西部地区之间发生,通过环境资源价格政策协调,改变和减少西部污染,这需要更为审慎的环境资源价格激励政策设计。环境资源价格激励政策设计上应给予西部地区更多的价格激励,以保证有更多的环保资金用于消除外部环境成本。

二、环境补贴激励政策设计

补贴激励政策可以分为生产环节和消费环节的补贴激励政策。从第五章环境成本内部化的利益相关方博弈分析可知,由于环境资源的外部性和公共产品属性,导致企业主动实施环境成本内部化的意愿不足,企业的环境成本内部化程度取决于环境补贴率(外部环境成本与环境补贴率负相关)。因此,完善政府补贴激励政策应定位于有效地鼓励企业等相关行为主体,积极开展环境成本内部化活动,以实现社会效益和生态环境质量的提高。

在当前低碳经济发展政策背景下,对外部环境成本内部化行为进行补贴是环境保护政策的重要工具,同其他环境政策工具比较来看,环境补贴能够规避环境政策技术操作层面的问题,引导企业和消费者自觉减少环境污染行为,有利于环境保护由末端治理向源头控制转变。然而,环境补贴属于政府的财政支出,如果补贴的范围及规模过大会加重政府的财政负担,运行中势必会有财政上的阻力,因此,实施环境补贴需要制定科学的环境补贴方案,确定环境补贴额度。

(一)生产环节的环境补贴激励政策

政府对积极参与环境成本内部化的企业给予直接补贴,可以直接降低企业环境成本内部化的成本系数,提高企业实施环境成本内部化的积极性,由于政府和企业之间的环境成本内部化信息不对称,应扩大以环境成本内部化的产出为依据的补贴范围,减少以环境成本内部化的投资为依据的补贴范围,并逐步建立具有激励作用的变动补贴机制。

在发达国家实施的环境政策中,对环境污染治理的补贴已经取得了许多成功经验,例如,荷兰由国家补贴建立粪肥加工厂,对将多余粪肥运输送到国内缺肥区实施补贴;英国和丹麦分别承担农民建造贮粪设施费用的一部分;在日本,国家和都道府都对养殖场环保处理设施的建设和运行费用进行一定的补贴。[①]

对于从事环境成本内部化的相关技术和产品的科研服务组织,不能直接计量其环境成本内部化的产出,但从某种程度上讲,这些科研服务组织提供的技术和产品可以解决企业环境成本内部化积极性不足的问题。因此在完善政府的补贴激励政策时,应该优先考虑对与环境成本内部化的相关科技研发支持,根据生态环境发展需求,通过设立科技研发专项基金、财政拨款等方式,建立以企业为主体、项目为载体的环境科技研发体系,促使企业研发、使用新技术进行环境治理,为产业结构调整、现代生产提供环境成本内部化的技术支撑。

(二)消费环节的环境补贴激励政策

消费环节的环境补贴激励政策设计应充分考虑这一环境补贴政策的经济效应,全面考虑环境补贴政策对经济的影响方向及程度,应尽量实现环境补贴政策对环境与经济的协调效果。从中国消费环节的环境补贴实践来看,环境补贴推动着清洁能源的发展与市场化的同时,存在着一定的负作用,所以,运用环境补贴工具时应充分重视这些负作用的影响。首先,环境补贴是具有扩张需求作用的环境政策工具,单纯的能源消费补贴政策如果盲目刺激消费需求,不利于环境成本内部化目标的实现。其次,对于消费者来说,消费环境补贴激励的收入效应会提升消费者支付能力,改变原有的市场预算约束,阻碍市场机制作用的发挥。因此,环境补贴激励政策需要引入弹性机制实施动态调整,根据消费市场的发展形势适时调整补贴额度和方式。最后,对于生产者来说,

---

① 参见郭晓:《规模化畜禽养殖业控制外部环境成本的补贴政策研究》,西南大学博士学位论文,2012年,第51页。

由于消费环节的环境补贴使市场信号失真,不能通过市场信号对经营管理水平作出客观评价。

从优化环境补贴政策的角度,消费环节的环境补贴激励政策设计首先要结合环境发展状况选择具有针对性的补贴政策。如新能源消费补贴,对水电、风能、核能、太阳能光电等已经具备大规模产业能力的新能源的生产环节进行补贴,对于太阳能光热、地热能、沼气等受地域影响较大、用能分散、非商品化的新能源侧重于进行消费补贴。① 其次,环境补贴激励政策要依据消费的市场特征选择相应的环境补贴手段,重点对消费清洁能源的群体进行消费价格补贴,从而有利于积极推动清洁能源的使用,提高清洁能源企业的市场竞争力,有助于优化能源消费结构,减少外部环境成本的产生,对环境成本内部化起到事半功倍的效果。最后,环境补贴激励政策还要建立适当的退出机制。随着环境成本内部化程度的提高,环境补贴激励政策应在环境成本内部化的发展进程中选择合适的时机予以退出,避免环境资源与能源的过度利用。

三、环境保护价格政策设计

环保价格政策有狭义和广义之分,本书的环保价格政策是从狭义的角度研究,主要是按照污染者付费、保护者受益原则建立的环境保护价格政策,强制环境资源使用者承担补偿生态环境的责任,是与环境污染排放和环境治理直接相关的价格政策。环境保护价格主要包括:排污费和污染处理费。设计合理的环境保护价格政策可以充分发挥价格杠杆作用促进环境成本内部化,改善生态环境质量。

环境保护价格政策从 1993 年征收污水处理费开始的,当时是针对企事业单位污水和城市生活污水的处理征收的治理费,由各地方主管部门根据本地实际情况分别制定的收费标准,至 2003 年才开始在全国

① 参见李庆:《新能源消费补贴的微观分析》,《财贸经济》2012 年第 12 期。

所有城市规定必须对污水处理费进行征收。污水处理费是按照"污染者付费"原则,由排水单位和个人缴纳并专项用于城镇污水处理设施建设、运行和污泥处理处置的资金。现行污水处理费的收费依据是2015年3月1日起施行的《污水处理费征收使用管理办法》,要求各省、自治区、直辖市根据本办法制定具体实施办法。从各地的征收和使用情况来看,污水处理费的征收收入与支出不平衡,主要是由于污水处理费收费标准长期偏低,人工费、设备维修费、固定资产折旧等成本逐年增加,导致污水处理企业长期处于负债经营的状态,比如湘潭市,2016—2018年分别征收污水处理费5200万元、5457.86万元、5973.69万元,而财政每年实际支出14287.65万元、15029.99万元、17776.14万元。由此得出,污水处理费的征收并未真正实现环境成本内部化,2017年后各地对污水处理收费征收标准进行了调整,如珠海市将主城区污水处理收费标准调整为:居民生活用水按0.95元/立方米征收;非居民用水按1.40元/立方米征收。这在一定程度上能弥补政府长久以来的污水处理亏损缺口,有利于市民和企业增加节能减排意识。为了形成节约资源和保护环境的空间格局、产业结构、生产方式、生活方式,建立绿色低碳循环发展的经济体系,应建立绿色生产和消费的政策导向,在环境保护价格政策上,应实行计量收费和差别化收费,通过价格杠杆推动企业与居民将外部环境成本内部化。

垃圾处理收费是从2002年开始征收的,进行了一系列的征收改革探索,2009年2月,南京市实行垃圾处理费征收方式改革,与住户水费绑定收取。河北省保定市市区于2012年8月1日起开征生活垃圾处理费,城市常住燃气用户居民的垃圾处理费由燃气公司代收代缴,每月3元/户。为适应城市垃圾处理市场化要求,应对不同的对象合理确定不同的垃圾处理费收费标准,按照"先城镇后农村"的政策实施步骤逐渐展开,最终实现垃圾处理收费政策全覆盖,另外,应积极探索可操作的垃圾收费与垃圾产生量挂钩收费政策,实现垃圾处理的环境成本内部化。

由此看来,环境保护价格政策体系亟须完善,如污水处理费需要各地根据污水处理设施运行成本、排污管网的维护费用及污泥处理处置费用,逐步将污水处理费的收费标准市场化,确保污水处理设施正常有效运行。环境保护价格政策设计主要解决以下问题:一是市场化环境保护服务。为了提高环境保护的效率,对环境保护行业进行市场化和产业化的改革。二是将定价政策主体与价格监管部门进行分离。中国环境保护行业监管中,环境保护的主管部门是环境保护定价政策主体,也是环境保护行业的价格监管者,可能导致监管职能错位。三是构建环境保护绩效评价系统。各地区的环境保护企业之间基本没有业务上的竞争,可以说是垄断经营,不需要进行成本控制,通过构建环境保护绩效评价系统,实现地区间的比较竞争环境,建立比较竞争下的环境保护企业的价格绩效激励政策。四是设计环境保护企业的合理激励强度。政府应根据现阶段的环境要求及企业运营状况确定合理激励强度,如对于污水处理厂,可以将其处理后的水质作为监测对象,如果没有达到预期要求,直接影响其绩效评估值,最终付费按绩效评估值确定,这样企业可能有承担亏损风险。如何量化激励强度与绩效评估值的关系,有待进一步的研究。

第三节　税收激励政策设计

20世纪90年代后,中国开始注重运用税收政策对环境进行管理,逐步建立了相对完善的环境税费体系,对环境资源的节约使用和环境保护起到了一定的促进作用。但目前的环境税费体系还不能满足环境成本内部化的要求,对于生态文明建设的要求还有一定的差距,需要重新设计环境成本内部化的税收激励政策,进一步厘清税收激励政策与生态文明的关系,从生态文明建设的理念进行税收激励政策设计,借鉴欧盟环境成本内部化的税收激励政策的经验,推进环境税费改革,积极探索环境成本内部化的税收激励政策。

一、环境税与环境收费的激励边界设计

清费立税可以说是对中国环境成本内部化税费政策改革的总体思路,通过清理和取消不适宜的环境收费项目,逐渐扩大相关环境税的征收范围,构建适合中国环境特点的以环境税税收为主、环境收费为辅的政府环境税费制度。因此,要实现税收激励最佳效果,首先需要正确划分环境税与环境收费的作用边界。

环境收费是中国进行环境管理运用的最主要环境经济激励手段,环境收费可以弥补市场配置环境资源的缺陷,对于环境准公共产品的提供和提高经济运行方面具有独特的作用,具有税收不可替代性。另外,由于基本经济制度的差异性,中国在运用直接调节环境资源消费的政策工具方面拥有更多的政策选择空间。环境收费作为中国的一项环境政策,在中国经济转型期对环境资源的调控作用更加灵活、直接、有效。比如,污水处理费是针对水污染行为收费,征收费用作为污水处理企业的污水治理成本,在污水处理费的征收标准上按保本微利原则收取,并且污水处理费的使用方向针对性较强。但是,在市场经济发展程度较完善的情况下,对于比较容易分辨的环境污染主体,征收环境税比污水处理费的优势更加明显。因此,根据环境税费的性质及作用领域,合理划分边界,充分发挥环境税费的各自功能,以实现环境税费率对环境成本内部化的激励作用。

根据中国相关环境资源法的规定,国家是自然环境资源的所有者,政府作为代理人只能转让其使用权、开采权。因此,政府可以通过规范对使用权、开采权费用的征收,实现节约资源的效果。在市场经济体制下,按照"谁破坏、谁修复;谁污染、谁治理"的原则,通过建立合理环境收费机制,可以实现国有资源环境使用成本的内部化。环境资源配置

过程中涉及诸多利益相关方,合理的环境收费能平衡各方的经济利益关系,可以对企业的环境资源开发使用行为进行约束,促使企业采取行动前充分考虑与环境相关的各项成本,形成倒逼机制,实现企业外部环境成本的内部化。目前,中国环境收费项目相对偏多,有些环境收费项目,征收也很不规范,不够透明,应对性质相近、作用相同的环境收费项目加以整合。对于相关环境税的征收,以划分相关环境税税种为基础,根据环境资源的稀缺程度以及市场的供需变化,对税率进行适度调整,条件具备的区域可以实行浮动税率或累进税率,充分利用税收手段的激励作用,实现生态环境的绿色化。

根据环境资源的受益范围及程度确定补偿边界,规范环境收费与环境税的补偿。对受益程度不明显的环境公共产品由环境税补偿;对受益程度明显的环境公共产品由环境费补偿;环境混合公共产品的生产费用由税收和收费共同补偿。

二、税收激励体系设计

环境税激励体系,应根据中国环境税制改革总体目标的要求,坚持激励与约束并重的原则,丰富环境成本内部化的税收激励手段,完善环境税收激励体系。根据中国现阶段的环境特点,应在资源税、消费税及相关税种的改革中融入环境成本内部化的要求,并完善相关的税收优惠政策。

就中国现行的税收体系来看,直接体现环境成本内部化的税种是环境保护税,另外具有环境成本内部化功能最强的税种当属资源税,资源税的征收可以计入企业的产品成本,直接体现环境资源的价值,推动企业提高能效。鉴于中国在发挥资源税的激励作用方面的现状,存在资源税征收范围小、税额和税率较低等问题,应将资源税的征收范围及税率进行相应调整,真正体现环境资源的价值,促进企业合理有效地利用环境资源,充分发挥资源税对环境成本内部化的激励作用。增强资源税的环境成本内部化功能主要包括以下几个方面的内容。

一是扩大资源税的征收范围。首先,可以考虑将水资源作为征税对象纳入进来,随着环境成本内部化的推进,逐步扩大资源税的征税范围,如可以把森林、海洋、草原等环境资源作为征税对象,最终,形成的资源税的税目应涵盖所有的环境资源。其次,调整资源税的计征方法。为实现环境成本内部化,促进环境资源的有效使用,需要相应调整现行资源税的计征方法。应根据环境资源的特点,对环境资源实行不同的计征方法,如对重要环境资源实行从价计征,对资源需求价格弹性较小的资源实行从量计征,也可根据环境资源的特点,在开采和生产环节进行从量征收,在其销售环节实行从价征收。最后,适当提高资源税税率。目前中国资源税的税率对于环境资源利用状况来说明显偏低,不利于实现环境资源成本的内部化。提高资源税的税率应根据环境资源属性设定不同税率,如对不可再生资源高污染排放能源应该加重征税,可以考虑实行累进税率,因为使用此类能源资源的企业承担较高的环境成本。另外,还应考虑资源在开发过程和生产活动中对环境资源的破坏程度,实行差别的高税率,以弥补环境污染带来的环境治理成本。

二是增强消费税的环境成本内部化调节作用。消费税的征收,可以限制损害生态环境的产品生产数量,同时,又能激励消费转向健康化、绿色化,具有生态环境保护作用,减少了外部环境成本的产生,因此,可以通过增强消费税的环境成本内部化调节作用,达到引导绿色消费和促进节能减排的作用。根据消费品全生命周期中产生的外部环境成本情况,扩大消费税的征收范围,对消费品生命周期末端无法再回收利用,而且对生态环境造成较大负担的产品,纳入消费税征收范围。如一次性塑料袋、电池等不能及时被环境消纳的产品需要通过消费税内部化其环境成本。根据环境污染严重程度,设计合理的消费税税率,对全生命周期的任何环节对环境污染严重的产品课以高税率;对全生命周期对环境造成较轻损害的产品,适当降低其消费税税率;对全生命周期严重损害生态环境的消费品和消费行为,加重征收消费税;对全生命周期符合节能环保标准的绿色产品,在消费税的征收上给予一定的税收优惠,增强该类产品的市场竞争力,从而达到鼓励消费的目的。

三是绿化现行的"关税"体系。现阶段,发达国家为了对国内生态环境进行保护,实施了绿色关税手段限制环境损害较大产品的进口。在绿色关税的运用上还包括出口税,利用出口关税抑制生产环节的外部环境成本产生。从中国现行的关税政策体系来看,还未对绿色化的要求进行设计,甚至在某些行业实行出口退税政策,与环境成本内部化的要求背道而驰。基于中国生态文明建设的要求,化解环境资源枯竭的风险,实现环境资源的可持续绿色发展,应该优化中国的进出口贸易结构。实现这一目标最佳的选择就是绿化现行的关税政策,通过关税激励技术密集型产品出口,降低生产环节的外部环境成本;提高非环保产品的进口关税,以降低消费环节的外部环境成本,从而绿化进出口贸易结构。在绿化现行的关税体系实践方面,需要对绿色关税法制框架加以完善,这样海关可以依据相关规定尽快完成对环境成本危险等级的划分工作,便于关税征收实行差别化税率,依据绿色关税法制适当调整关税政策和减免优惠措施,充分利用关税工具激励国际协同实施环境成本内部化。总之,以目前应对环境问题的国际联合机制为契机,绿化中国现行的关税体系。

三、环境税制的设计

发达国家在环境成本内部化的行动中所取得的优异成绩,很大程度上归功于具有独立的与能源环境直接相关的税种,如,能源税、碳税、生态税等。开征环境税可以起到环境成本内部化的效应。因而,中国也参照国际经验,2018 年基于中国国情开征了环境保护税,环境保护税的征收,增强了环境保护执法的刚性,倒逼企业转型升级,企业环境成本内部化的动力大增。

考虑到中国目前已有对资源类产品开征的资源税,因而建议进一步探索开征独立的环境保护税后的影响,现阶段来看,无论是在理论上还是在技术上都具备了可行性,如对产生二氧化碳的煤、石油、天然气等化石能源征收碳税,由于碳税与能源产品直接相关,可以间接起到降低化石能源消耗的作用。由于环境税的开征将会在一定程度上增加企业负担,进而会影响到整个宏观经济运行。因此,中国开征环境税需要结合国情,合理借鉴国外环境成本内部化的经验,适时调整环境保护税的税率和征收范围,解决经济发展与能源生态环境的矛盾。

（一）征税对象

环境成本内部化税制是以独立的环境税为核心,开征环境税的国家对于环境税的界定存在差异,总的来看,较为成熟的环境税都包括污染税,其征税对象包括是污染排放和污染产品。由于污染产品的生产和使用都伴随着污染排放,可以说对污染产品征税只能算作一种间接的环境税,因此,中国探索开征环境税,应从直接的各类污染物排放为征税对象开始。

根据《环境保护税法（草案）》,从直接的各类污染物排放分析,征税对象主要考虑水、气、声、渣几个方面,基于中国环境保护的重点工作,具体的环境税征税对象为水污染排放、大气污染排放以及固体废物污染排放。现阶段中国征收的环境保护税,与以前排污费的征收范围是一致的,说明目前是由"费"到"税"的转变阶段,这只是环境成本内部化建设中的一个重要环节,如何实现税负公平,发挥环境保护税调节经济的杠杆作用,需要围绕生态文明建设的战略纵深,完善环境税制体系。

从征税的具体环节来看,只要微观经济主体的行为涉及《环境保护税法》规定的排污,就应对其征税。现阶段应对较易确认的、条件较成熟的污染行为设计实施环境税,对污水排放征税,其征收对象是带有污水排放标准规定的污染物的废水,包括工业生产废水及城镇居民生活污水;对固体废物污染排放征税,其征收对象包括生产废弃物排放及生活废弃物;对废气污染排放征税,按大气污染排放标准规定的污染物确认征税对象,主要是工业废气。征税管理上也需要税务机构会同环保、工商等部门设立专门的环境税务征管窗口,便于开展污染排放的监控及税收征管工作。

开征环境税的根本目的是减少含环境资源与能源的使用和污染物的排放,理论上的课税对象还应包括二氧化碳的排放行为,二氧化碳排放从污染扩散指数上分析,不同于一般污染物排放,可单独设置碳税。对碳排放征税要求具有较高的、实际可行的碳排放测量技术。鉴于目前准确测量二氧化碳排放量还具有一定的技术难度,而碳排放又大部分源于对化石能源的消耗,故在开征碳税的初期可以将煤炭、石油、天然气等化石能源含碳量作为课征对象。待到条件成熟时,再以实际二氧化碳排放量作为课税对象。

(二)环境税征管和纳税人

按照"污染者负担"原则,从理论上探讨,可以将具有污染物排放行为的微观经济主体确认为纳税人,也可以将污染产品的使用者及生产者确认为纳税人。但从实践的可行性角度,将污染物排放直接行为的微观经济主体确认为纳税人,更具有针对性,环境成本内部化的效果也最好,便于税收的征管。

环境税的征税环节和纳税人一般有几种选择:在生产环节征税,生产者为纳税人;在消费环节征税,消费者为纳税人;同时在生产环节和消费环节征税,生产者和消费者同为纳税人。国外多采用在消费环节征税的方式,从而更加有利于提高消费者节约能源的意识,但这也需要具备较高的税收征管水平,而中国目前的税收征管水平还有较大差距,难以实现在消费环节征税。

因此,为便于操作,中国在环境税开征的初期实施在生产环节征税,纳税人应先确认为排污直接行为的企业以及事业单位,这样,生产者会将税负通过提高能源产品的售价方式转嫁于消费者,既达到了调节能源合理消费的征税目的,又可实现从源头扣缴税款、及时缴纳的目的。根据环境税的实施情况,条件成熟时可适当进行调整,再逐步将纳税人的范围扩大至居民,对消费使用环节征税。

（三）计税依据和税率

从环境成本内部化功能上看,环境税的税基应体现了"污染者负担"的原则,可以对污染行为进行调节,能够实现纳税人主动开展环境成本内部化的预期,并激励纳税人进行治污设备更新和技术创新。目前,发达国家的经验做法是以污染物排放量作为计税依据。因此,中国环境税应以污染排放量为税基,以应税污染物的排放量为计税依据。

计税依据的确定应根据不同的污染物采用不同的方法,对于大气污染物和水污染物,将排放污染量折合的污染当量确定计税依据;对于固废排放,直接以固体废物的排放量作为计税依据;对于噪声污染,以国家相关规定为基准,以超标的分贝数为计税依据。征税实践操作中,对能够通过监测污染排放计量排污量的情况,以测量的排污量作为计税依据,对测量的排污量进行征税;对不能通过一定的方法直接计量或不能精确计量排污量的情况,根据纳税人生产过程中投入的原材料数量,利用物料平衡及排污系数等估测排污量,对估测排污量进行征税。

由于以污染排放量为计税依据,并且征税目的是调节能源合理消费、减少外部环境成本的产生、改善生态环境质量,不以增加财政收入为目的,与税收的价值量无关。因此,从计税依据的角度考量,环境税的税率设计应比较适合从量计税形式,实行定额税率,短期内对于中国现阶段的环境成本内部化来说应该比较有效。

税率水平的确定是一个较为复杂的问题,理论上,环境税税率应等于污染治理的边际成本。但考虑到宏观经济和产业发展竞争情况,在确定环境税率水平时需要关注以下方面:不同能源种类的污染物含量;

消除危害所需花费的成本;实施环境成本内部化措施或发展新能源的边际成本;现行相关税种的征收情况等。因而,环境税税率应采取差别税率形式,如对不同税目以及同一税目不同等级产品实行不同税率,分级定额差别税率;根据在不同地区的经济发展及企业的可承受情况,实行差别税率。而且在开征初期,税率整体水平不宜太高,要根据中国经济社会的实际状况和国际协调等方面做具体选择,从低税率水平起步,并建立起动态调整机制,适时调整,真正达到征税目的。

（四）税收优惠

为尽量减少环境税征收对社会经济带来的负面影响、平衡经济与环境的关系,可以考虑在征收环境税时适当减少企业和居民的税负,实施一定的税收优惠。税收优惠的实施主要考虑以下因素:一是对高能耗的基础性产业,如电力、钢铁等企业,可适当实施降低税率、增加减免等降低税负的措施,以保证社会经济不因开征环境税而受到较大影响;二是为了激励企业主动进行生产技术和污染治理技术创新,对通过实施新技术实现减排、污染物回收处理,并达到环境标准要求的企业,给予积极的优惠政策,如,投资抵免等;三是对低收入群体,出于保障其基本生活条件、保持社会稳定等方面的考虑,可以通过给予相关生活补贴的税收优惠变通形式实施税收优惠。

第四节　生态补偿激励政策设计

中国对于生态补偿这一环境成本内部化手段的实践探索,可以追溯到20世纪80年代,以相关的环境法作为实践依据;90年代开始,生态补偿上升到政策层面,从对森林资源实施生态补偿制度为起点,逐渐推广到全国范围的流域环境、矿产资源、自然保护区等领域,进行大规模的试点工作;进入21世纪,中国的生态补偿管理制度正式确立,各地方政府也相继出台了地方生态补偿办法,建立相应的补偿基金。可以说,在生态补偿时间上取得了一定的成绩,但环境成本内部化的效果并不十分理想。为此需要对生态补偿机制、生态补偿的激励标准及支付制度进行系统的设计,以充分发挥生态补偿的环境成本内部化作用。

一、生态补偿机制的设计

生态补偿不仅仅是补偿双方的利益问题,还涉及经济发展、生态环境以及未来社会可持续发展等诸多方面的综合性利益。因此,需要构建生态补偿的综合决策机制,决策机制的目标是实现生态环境的绿色发展,具体设计要围绕这一目标进行相应的产业结构优化、生态环境治理以及生产源头预防的生产技术变革等政策调整。

（一）设计原则

根据中国的环境管理体制的特点,设计生态补偿的决策机制的原则应本着生态环境质量的要求,遵循污染者负担、保护者受益、政府主导、受益者补偿等原则。[①] 生态补偿就是要通过污染者负担实现外部环境成本内部化,从而达到生态环境保护的目的,这样就把排污者的行为与义务融为一个整体,使生态补偿切实作用于其决策过程。保护者受益原则主要是针对环境保护的正外部性,一般情况下环境保护者不能直接从其行为中获取效益,甚至会有损失,如果不对保护者施加补偿,保护者就失去了行为动力,影响生态环境质量的改善。政府主导的原则是生态环境功能决定的,生态环境具有公共产品的性质,很多情况下,受益者很难确定,受益程度也难以计量,这就要求政府主导进行生态补偿。受益者补偿的原则是从环境成本内部化的收益分配角度考量的,从经济学上来看,任何收益的产生都是需要付出成本的,以成本与收益对等计量,受益者就应该进行付费。

（二）补偿顺序

从国外发达国家的经验看,生态补偿的环境成本内部化功能很强,

---

① 参见欧阳志云等:《建立中国生态补偿机制的思路与措施》,《生态学报》2013 年第 3 期。

运用生态补偿措施较多,实施范围也很广,如欧盟对于环境保护实施的生产措施都进行补偿,当然这与欧盟雄厚的经济实力支撑有极大的关系。中国的经济发展实际状况与生态环境现实决定不可能实施全面的生态补偿机制,而生态补偿又是关乎全局性的重要举措,在国际压力及国内生态环境要求下,顺应发展趋势必须实施。因此,在进行生态补偿机制的设计时,应根据中国生态环境状况,结合补偿资金数量,针对生态环境发展的近期目标与长远利益,确定生态补偿的顺序等级。

生态补偿的先后顺序直接影响到环境成本内部化效果,政府应着力研究一种科学的决策方法,用以科学论证评价生态补偿重点领域与项目。孙新章(2006)提出了生态补偿划分为等级的设想:优先补偿项目、重点补偿项目、拓展性补偿项目。[①] 将特别凸显的生态环境问题列为优先等级,中央政府通过直接投资对此类项目优先实施生态补偿,如水土严重流失地区的植被恢复;将较为严重的生态问题地区或明显影响生态环境质量的行为列为重点等级,通过流域或区域补偿实施重点补偿(也可实施产业补偿),如重要区域退耕还林等;将生态环境改善的环境保护措施(行为)列为拓展等级,对此类项目,主要通过市场进行补偿,政府进行适当补偿,如企业的节能减排措施、推行清洁生产等。

(三)监督管理

生态补偿基于管理体制视角,可以认为是宏观利益调整的制度改革,需要一系列的制度保证生态补偿实际操作正常推进,对这些制度的管理是生态补偿机制的重要环节。

中国开始实施生态补偿政策以来,生态补偿的管理实行垂直部门的监督和评估制度,即上级部门对下级部门的工作实施监督。这种管理机制可以说是一种内部监督,监管的目标容易扭曲,缺乏公正性,这

---

① 　参见孙新章等:《中国生态补偿的实践及其政策取向》,《资源科学》2006 年第 4 期。

主要是由于管理的本位主义导致的。为保证补偿政策对环境成本内部化实施效果的结论公平合理,可借鉴欧盟生态补偿管理的实践经验,引入第三方独立机构评价生态补偿政策的实施效果。

对监督评价结果进行环境信息公开,各级环境管理部门按要求定期公布实施生态补偿的环境信息、生态补偿的进展情况。这样可以通过社会监督收集不同利益相关者的补偿诉求及意见,保障生态补偿政策的环境成本内部化的效果,也能提高生态补偿政策的社会参与度,以使政策更加科学地反映利益相关者的补偿诉求,这也是生态补偿政策的要求。

二、生态补偿激励标准的设计

从环境经济学理论分析可以看出,生态补偿是实现外部环境成本内部化的重要手段,但是中国多年生态补偿的实践,并没有看到理想的效果,其主要原因是没有确定合理的生态补偿标准。最佳的补偿标准应处于经济学上的环境边际成本与环境边际收益的交叉点,才能实现环境整体的最大化效益。因此,设计生态补偿标准应以生态环境的损失价值和生态环境保护的收益价值为基准,生态环境损失价值就是本书研究的外部环境成本。

对于生态环境的损失价值和生态环境保护的收益价值的计量可以借助于环境会计信息系统,分析国家环境标准及污染排放标准要求的环境行为指标,设计生态补偿标准的模型。袁广达等(2012)提出的生态补偿标准构成的等级评价模型[1],李国平等(2013)提出的生态补偿标准的测算[2],均可为环境成本内部化的生态补偿标准的设计提供参考。生态补偿标准的设计至少应包括以下几方面内容。

---

[1]　参见袁广达等:《注册会计师视角下的生态补偿机制与政策设计研究》,《审计研究》2012 年第 6 期。

[2]　参见李国平等:《生态补偿的理论标准与测算方法探讨》,《经济学家》2013 年第 2 期。

（一）企业生产经营对生态环境带来的价值损失

企业的生产经营对生态环境带来价值损失的情况,直接对区域内的生态环境质量产生影响,减少了整个社会的福利水平,即产生了外部环境成本。污染者负担的原则约束下,企业要承担后续的污染治理及生态恢复的费用,对生态环境的价值损失实施补偿。补偿标准可以通过费用核算法计量生态恢复的投入,以计量的投入为基准确定补偿标准,为了实现对企业的激励效果,可以使补偿标准高于计量投入,以达到企业参与的目的。

（二）企业生产意外事故造成的环境损失

企业生产的意外事故造成的环境损失情况,由于环境事故的污染扩散指数比正常的排污要大得多,其环境损害造成的影响有时难以明确计量,即存在隐性环境成本。所以,这种情况下的生态补偿标准不仅包括超标排放产生的外部环境成本,还要根据污染程度评价其等级,估算生态环境的损失价值。另外,为了加强环境管理,预防非自然因素环境事故的发生,还应在补偿的基础上施以相应的环境罚款。

（三）企业实施环境成本内部化带来的环境效益

对于实施环境成本内部化带来环境效益的情况(我们可以把这种情况统一为环境保护实施),受益者应补偿其损失,由于涉及的受益群体较多,应由政府实施补偿。因此,这种情况的生态补偿标准涵盖实施环境成本内部化的所有损失,包括直接经济投入、直接经济损失和机会成本等。

以上生态补偿标准是从外部环境成本内部化的角度,基于外部性理论进行的设计,主要体现了环境资源的有偿使用及保护。在实际操作生态补偿标准的计量与估算中,还有一些不确定的环境因素,如何采用科学合理的方法、综合准确地设计具有实际可操作性的生态补偿标准,还需要进一步深入研究。

三、生态补偿的支付制度设计

完善的生态补偿制度应有科学合理的支付制度作为保障,而且支付制度也是激励微观经济主体实施环境成本内部化的直接手段,完善生态补偿的支付制度应从财政和市场两方面进行设计。

（一）财政支付

财政对生态补偿的支付主要是通过政府的转移支付实现的,主要有纵向转移和横向转移两种方式。财政的转移支付设计的最初目的主要是实现均等化的区域公共服务,保证财政困难地区的正常运转,建立的政府间财政资金调配手段,并不是针对生态补偿而设计的,运行中难免出现资金效率低下的现象,不能真正体现"污染者负担"的原则。因此,应建立针对生态补偿的财政支付制度,纵向支付包括中央支付受益主体为全国性质的生态补偿和地方政府支付区域性质的生态补偿,对于跨地域性受益的补偿由地方政府予以横向支付。

现行的纵向支付政策,由于政策措施是以职能部门推行,没有单列专项资金,可能用于非环境成本内部化的项目。因此,为了实现纵向转移支付资金的生态补偿功能,设立中央生态补偿专项基金,以明确生态补偿支出占中央转移支付的比例,便于中央对环境成本内部化程度的宏观调控,提高对生态保护领域的补偿激励力度。

横向支付政策主要是对地域性受益主体不明确的补偿,目前来说这样的政策是缺失的,直接影响到区域的环境资源配置和环境成本内部化的效率。这也是造成中国生态补偿效果不理想的主要原因。生态补偿的横向支付设计,需中央政府协调成立保护区（流域）基金机构,管理同级政府跨地区的生态补偿转移支付基金,负责跨地区的生态补偿基金管理与使用,由上一级政府定期进行审计。这种横向支付可以直接协调跨地区的生态补偿冲突,节省了很多中间环节,其效率更高,而且资金渠道更加畅通,补偿的更直接,同时也会缓解中央政府的财政压力。

（二）市场支付

生态补偿的市场支付是财政支付补充，是微观经济主体之间的补偿，适用于环境保护付出者与受益者较为明确的情况，运用市场法则约束微观经济主体的行为，达到环境成本内部化的目的。通过市场交易将生态环境保护作为市场要素，借助于要素市场化配置激励微观经济主体实施生态保护行为，从而可以衡量生态环境保护的价值。在生态补偿市场对于生态补偿的支付可以通过协商和交易的方式实现。

协商方式适用于流域生态补偿，补偿双方容易确定，受益者与环境服务提供者之间直接进行支付。政府部门可以作为中介，从中确定合理的补偿条件，发挥生态补偿的最佳激励作用。交易补偿适用于补偿双方存在竞争群体，补偿带有一定的不确定性，类似于排污权交易性质。市场支付需要通过产权交易市场和交易支付平台完成，因此，需要政府明晰环境服务产权和环境资源产权，构建补偿交易平台。为保证市场支付的正常运转，应进一步完善相应的法规及交易标准，并建立与完善生态环境服务市场的评估监测系统。

（三）自我支付

自我支付是体现企业环境成本内部化最直接的补偿形式，要求排污企业对造成的环境损害直接进行修复治理或现金补偿，这两种方式进行的补偿可以将金额直接计入生产成本，最终结转到产品销售价格内化到产品消费行为。修复治理一般用于矿山开采企业，按照相关法律规定，这样的企业有将采掘过程中产生的环境损害进行恢复治理的义务，从生态环境的可持续发展要求看，企业有责任使生态环境保持原生态系统。现金补偿是企业合规生产造成的生态环境无法修复（或企业无力进行）情况的补偿支付方式，可以和收费制度结合使用。

自我支付实施过程中，地方政府应从生态环境保护的角度统筹安排相关事宜，进行企业与居民间的协调。如果企业能够保证补偿顺利进行,可按比例从产品销售收入中计提补偿金直接计入生产成本,将补偿金设为专款基金。如果企业不能够保证补偿顺利进行,政府应根据生态环境价值的损失对企业征收生态补偿费,由地方政府实施补偿支付。对于征收的生态补偿费应由生态环境局进行征收,专门设立生态环境修复补偿专项基金,用于生态环境的恢复和治理。

在实际操作中,生态补偿费的征收标准难以合理确定,有时即使能够根据生态环境价值的损失计算,企业也可能无法承受,由此制约地方经济的发展。因此采取自我支付方式补偿时,要兼顾生态环境的修复治理需要及地方企业支付能力,确定可行的生态补偿费标准,如果补偿标准比生态价值的损失低很多,无法实现生态环境的修复,需要在现有经济发展阶段制定最可行的实际方案。

第五节　排污权交易激励政策设计

近年来,频繁发生的大范围严重雾霾天气预示着中国生态环境污染已经到了相当严重的程度。为有效应对日趋严重的生态环境污染,2013 年,中央政府发布《大气污染防治行动计划》重点关注大气污染治理,随后又推出了《2014—2015 年节能减排低碳发展行动方案》,加大了大气污染成本内部化的力度。2014 年,针对推进排污权有偿使用和交易试点工作出台了指导意见,标志着排污权交易作为环境成本内部化的激励手段将发挥更大的作用,指导意见进一步扩大排污权交易试点范围,借此实现排污权跨省域的交易,计划到 2017 年年底基本建立中国的排污权交易的有偿使用和交易制度,用以实施环境成本内部化。[1] 从中国部分地区试点排污权交易政策的实践来看,建立完善的排污权交易激励政策要从以下几个方面入手。

---

[1] 参见李永友等:《中国排污权交易政策有效性研究——基于自然实验的实证分析》,《经济学家》2016 年第 5 期。

一、排污权初始分配方案设计

配额初始分配方案会直接影响排污权交易激励政策的环境效果。因此,设计合理的排污权初始分配方案是设计排污权交易激励政策的基础。应逐步从无偿分配过渡到以无偿取得为主、有偿拍卖为辅的模式,进行排污权初始分配,以充分发挥免费分配和有偿分配各自的优势。①

（一）排污权初始分配方式与总量的确定

根据调研,目前国内开展排污权交易试点工作的过程中,对初始配额一般采取有偿使用方法,或在刚开始的一两年内无偿分配,之后再有偿分配,②试点工作为今后的排污权交易政策的排污权初始分配积累了宝贵的经验。综合国际上通用的排污权初始分配的四种方式,根据中国现阶段的环境形势和环境成本内部化工作的具体实施情况,将排污权的指标分为免费分配和有偿使用两部分,制定国家排污权初始分配指导政策。免费分配的比例由地方政府在国家分配指导范围内兼顾地区发展作相应调整。这样分配,既可以通过适当比例的有偿使用排污权指标,体现环境自然资源的价值,又可以将环境容量约束下的排污权的指标免费分配给企业,有利于消除企业推行环境成本内部化的抵触心理,减轻企业开展环境成本内部化的资金压力,有助于排污权交易政策与其他环境成本内部化政策的衔接。

理论上,按环境容量确定最大污染排放量无疑是最理想的,能够实现生态环境的可持续发展;但在环境成本内部化实际操作中,由于环境容量的影响因素较多,依据现有的计算方法很难准确测算。所以,按生态环境质量的控制目标确定现阶段的最大污染物排放量更具有现实可操作性,而且生态环境质量的改善目标能够动态调节,可以根据经济发

---

① 参见卢伟:《构建中国排污权交易体系的政策建议》,《中国经贸导刊》2012 年第 34 期。
② 参见储益萍:《排污权交易初始价格定价方案研究》,《环境科学与技术》2011 年第 12H 期。

展不同阶段确定改善目标,结合环境污染治理水平的变化作出改善目标的相应调整,最终实现生态环境质量的最优状态。在环境成本内部化的实践中能够便于政府主管部门对生态环境质量进行控制;但是这种目标总量控制,往往会受到人为因素影响较大,不能客观评估生态环境质量,需要确定合理的评估环境质量的方法。[①]

(二)排污权交易初始定价

排污权交易初始定价是排污权市场交易的价格基础,初始定价一般取决于社会平均污染治理成本,受资源稀缺程度和价值因素的制约,决定着排污权交易政策的环境成本内部化效果。如果价格制定过高,直接增大企业的生产成本,对企业环境成本内部化的实施无法发挥目标激励作用;如果价格制定过低,就会失去了价格的信号作用,无法实现企业环境成本内部化的激励效果。另外从排污权交易市场的活跃程度考虑,也必须确定合理的排污权交易初始定价。

由中国所处的经济发展阶段决定,现阶段中国的社会经济发展仍然是首选任务,今后相当长的时期内对环境资源的消耗高度依赖,排污需求仍会上升。因此,政府主管部门应根据环境成本内部化的目标要求,设定排污权的定价下限,运用价格激励政策,切实做到淘汰高耗能、高污染的企业,对低能耗、低污染的企业可以获得相应排污权,发挥排污权交易激励作用,实现环境成本内部化。同时,为有效遏制排污权交易中投机行为,政府主管部门应设定排污权的定价上限。

目前,在理论和实践中对于环境资源的非市场定价最为常见方法是恢复成本法。恢复成本法是指通过将受损环境恢复到原有状态所需成本费用来衡量原资源环境所具有的价值的方法,这一价值一般被认为是该资源环境的最低价值。[②] 恢复成本法应用到排污权交易的定价

---

① 参见李创:《国内排污权交易的实践经验及政策启示》,《理论月刊》2015 年第 7 期。
② 参见陈文韬、邹海英、余秋良:《挥发性有机化合物排污权交易有偿使用初始价格定价研究》,《环境与可持续发展》2016 年第 4 期。

领域,需要将不同环境污染物的平均治理成本作为该污染因子的排污权交易初始价格。由于随着国家环境政策变动及行业生产水平的变化,污染治理的社会平均费用也会发生变化。因此,排污权初始定价可由公式:$P = \sum_{i=1}^{n} \dfrac{\bar{U}}{(1+j)^{i-1}}$ 确定。公式中结合 i 为排污权有效期,j 为贴现率,$\bar{U}$ 为社会平均污染治理成本。在具体进行排污权初始定价时,要兼顾区域经济发展、行业排放特征及排污水平、企业公平等因素,对排污权初始分配进行差别定价,激励企业主动进行生产技术和污染治理技术创新,以减少污染排放和降低污染治理成本,促进产业优化和经济发展,实现环境成本内部化。

（三）排污权有效时限的设定

排污权是企业在一定时间段内的排放污染物的权利,具有较强的时效性。政府主管部门在核定排污权的有效时限时,需充分考虑行业的发展实际,设置排污权差别时限组合。从中国开展排污权交易试点工作实践来看,排污权的使用期限采取弹性制,各地方执行的排污权时限差别较大,有 1 年至 20 年不等的有效期。如江苏省对排污权有效时限的设定实行"3+2"政策,具体来说,先将排污初始权设定三年有效时限分配给企业,然后根据企业有效时限内完成的总量控制情况,结合实际控制效果核发以后的排污权有效时限:假如企业完成了预定目标任务,对企业原有排污权的有效时限延续使用两年,如果企业没有完成要求,将收回赋予企业的原有排污权指标。① 嘉兴市环境保护局《关于进一步规范排污权交易工作的通知》(嘉环发〔2008〕17 号)提出的排污权交易获得的排放许可期限为 20 年。②

目前,国家以及地区的环境保护规划、总量控制计划一般以 5 年作

---

① 参见李创:《国内排污权交易的实践经验及政策启示》,《理论月刊》2015 年第 7 期。

② 参见储益萍:《排污权交易初始价格定价方案研究》,《环境科学与技术》2011 年第 12H 期。

为周期。因此,排污权有效时限的设定可针对企业排污权交易不同阶段差别设定。初始阶段,可根据具体情况区别设定,对于新建长期企业(或项目)设定较长的有效时限;对于新建的短期项目排污权设定1—5年不等短期时限。过渡阶段,对于较成熟企业设定5年左右的排污权时限。成熟阶段,对所有企业可设定较长的排污权时限,适当减少政府干预。在排污权有效时限设定的操作中,各地方政府需要综合考虑区域环境质量、经济发展及其他因素,设定不同情况的排污权时限。

二、排污权交易的财政政策设计

排污权交易激励政策的实施目的在于激励企业实施环境成本内部化,建立具有激励效果的排污权交易政策,这就需要从财政的角度进行探讨,通过制定有针对性的财政政策深化排污权交易。在具体操作层面上,政府应该通过采取有效的经济激励政策,建立排污总量指标体系和排污监控标识体系,同时鼓励企业使用各类减少污染排放的设施和进行减排的技术研发,促进排污权市场竞争,从而逐步建立起有效的排污权交易体系[①],促进排污权交易的财政政策主要有以下几个方面。

(一)税收方面的排污交易激励政策

在排污总量既定的情况下,如果赋予每个企业的排污权都恰好等于它们生产过程中的实际污染排放量,那么排污权交易就无法形成。因此,要实施排污权交易必须形成污染物排放权的市场的需求与供给,税收政策通过调控排污权交易的供求关系,激励企业加大节能减排的力度。

企业所得税对企业投资方向具有极强的引导作用,这一工具运用到排污权交易中,可以引导企业进行生产流程优化和生产技术创新,激励企业实施环境成本内部化、减少污染排放量。对于污染源企业所得

---

① 参见崔景华:《促进我国排污权交易的财税政策探讨》,《财经问题研究》2007年第4期。

税政策可以从几个方面给予适当政策优惠：一是对企业生产技术创新及流程优化费用的税前扣除比例予以提高，鼓励企业建立研发专项基金；二是对企业购置或自用研发的环境治理设备，可以实行加速折旧方法计提折旧、在一定额度抵免当年新增所得税的优惠政策，从而激励企业进行环境治理投资；三是对企业通过排污权交易取得的收入可暂缓征收企业所得税。通过所得税激励政策鼓励企业减少外部环境成本，从而促进排污权交易的形成。

增值税作为一般商品流转税在中国当前税制结构中占有重要地位。利用增值税支持排污权交易的政策主要有以下几个方面：一是对企业购进的环境治理设备中包含的增值税，按照消费型增值税抵扣方式在企业增值税中作为进项予以全部抵扣；二是对积极利用新技术减少污染物排放量的企业的部分产品，应在一定时期内给予某种程度上的增值税减免优惠政策。对个别污染物排放量明显小于国家规定标准的企业，可以在一定期限内按照合理的比例实行增值税即征即退措施，从而鼓励企业积极参与排污权交易事业。

总之，根据排污权交易量及环境成本内部化程度制定差别的税收激励政策，并界定企业所得税和增值税激励的范围与分类。一是严格限定享受优惠政策的主体范围、优惠期限、优惠比例与幅度，对能够积极参与排污权交易且环境成本内部化程度明显小于国家规定指标的企业给予更多的税收优惠；二是要正确认识税收政策的环境效果。对环境成本内部化效果明显的企业在税收方面予以照顾，在其扩大规模、需要增加排污许可指标时，政府要给予政策上的倾斜。

（二）财政支出方面的排污交易激励政策

完善排污权交易的支出政策对排污权交易的发展起着至关重要的促进作用，在排污权交易制度发展较为成熟的国家一般通过财政投资、财政补贴、财政贴息、研发投入等支出方式，加大对排污权交易的财政投入力度。在政府预算科目中将政府用于排污权交易的支出项目列入政府经常项目预算,提高排污权交易财政资金的使用效率。具体做法是,在政府经常性预算的环保支出科目当中设立政府用于排污权交易的子科目,按照每年排污权交易市场规模和财政资金增长情况确定预算资金数据。列入预算的这项资金主要用于健全排污权交易市场、完善排污权交易法制化建设及排污权交易基础性信息建设等。

排污权交易专项资金的支出范围应通过法律或规章制予以明确,将排污权专项资金支出纳入财政预算管理,严格规范专项资金用途,保证全部专项资金用于污染减排和环境治理。由于排污权有偿使用获得的收入是否合理分配,将影响各级政府推进排污权交易、环境污染治理和环境成本内部化的积极性。因此,作为国有的环境资源,除了初始的免费配额外,排污权有偿使用所得收入均需要在各级政府间进行合理的分配,根据"属地原则",遵循"谁治理、谁征税"准则,发挥地方政府的主导作用,积极推动排污权交易有偿使用的开展。①

三、排污权交易监管政策设计

排污权交易作为中国环境成本内部化激励政策中一项新的制度安排,存在着制度变迁中的路径依赖问题。在监管方面,管制者还未意识到排污收费与排污权交易下企业行为特征的显著差异;在处罚力度上,许多行政细则仍依据排污费制定惩罚标准,而目前偏低的排污费征收标准不能充分反映环境污染治理成本和环境资源损失;注重初始分配市场的构建,而合理的许可证价格形成机制尚未确立,以至于价格机制还不能对企业环境友好型经营发挥经济激励作用;总量控制落实不到位,违规者缴纳排污费与罚款即可获得事实上的排污权等。② 因此,排

---

① 参见徐少君等:《浙江省排污权市场中的财政监管研究》,《浙江理工大学学报(社会科学版)》2015 年第 4 期。

② 参见金帅等:《区域排污权交易系统监管机制均衡分析》,《中国人口·资源与环境》2011 年第 3 期。

污权交易监管政策设计主要包括以下几个方面的内容。

（一）强化排污权交易监管机制

排污权交易能否成功，关键在于能否准确监测污染源的实际排污量并实行严格监管。需要依法规定污染物排放总量及各企业的容许排污量，制定科学的监测标准和监测方法，加强实时排污监测技术和设备的研发，扩大在线监测设备的安装范围，加大构建污染源基础数据库信息平台、排放指标有偿分配管理平台、污染源排放量监测核定平台、污染源排放交易账户管理平台的力度，构建以计算机网络为基础的排放跟踪系统和审核调整系统，确保有效监测各类污染物排放。① 加强排污权交易后续监管和跟踪监督，制定出台排污权核定技术规范，针对出让、受让企业建立实际排放量和排污权交易量核定机制，推行第三方总量核查和复核机制。建立排污权交易指标、交易价格、交易额度、流转趋向等信息公开机制，充分发挥社会监督作用。②

（二）发挥政府部门监管作用

交易政策的效果，最终依赖于交易市场的良好运行，同时也离不开政府的有效监督。政府应加强对排污单位排放污染物的监测。排放监测越精确、越完善，与配额相关的风险和不确定性就越低，交易市场的效率就越高。政府的监管不仅要有连续监测系统，以便准确及时地把握排污企业的实际排污信息，同时还需要监管交易市场的秩序，避免垄断市场、恶意抬高价格现象的出现，还需要积极地提高公众的参与热情，听取当地居民的意见和建议，树立公众的环保参与意识。③

政府健全排污执法监管体系，严把排污交易审批关，杜绝"权力寻租"现象，加大监督检查和超标排污的处罚力度，提高排污企业的违法

① 参见孟弘：《低碳经济背景下加快推进中国排污权交易的建议》，《科技管理研究》2011年第12期。
② 参见任艳红等：《基于总量控制的排污权交易机制改革思路研究》，《环境科学与管理》2016年第3期。
③ 参见李毅等：《中国排污权交易政策及完善对策研究》，《四川环境》2014年第5期。

排污成本,保障排污权交易的有序进行。基于中国排污监测和监管能力不足的现实情况,建议环保部门与相关部门加强合作,采取有效措施尽快构建中国的排污监测和监管体系。①

另外,生态环境问题具有公共性,实施环境成本内部化带有公益性色彩,这就要求企业的排污许可证信息与环境信息应向社会进行披露。因此,排污权交易监管还用包括建立畅通的环境公众监督渠道及信息响应机制,便于公众和社会进行监督,探索实施多元监督的排污权交易监管体系。

小　　结

完善环境成本内部化的激励政策,应按照市场经济规律,综合运用价格等市场手段,实现内部化环境成本的目标,形成完整的环境成本内部化的激励政策体系。在对环境成本的影响因素和环境成本内部化的利益相关方博弈分析的基础上,针对中国环境成本内部化激励政策应用中的问题,借鉴欧盟环境成本内部化激励政策的经验,提出了完善环境成本内部化的政府激励政策建议,包括:激励导向的环境成本内部化制度、价格激励政策、税收激励政策、生态补偿激励政策和排污权交易激励政策。

---

① 　参见孟弘:《低碳经济背景下加快推进中国排污权交易的建议》,《科技管理研究》2011年第12期。

主要结论与研究展望

一、主要结论

近年来,中国北方大范围的持续雾霾天气频繁出现,环境资源与能源日趋紧张,甚至面临枯竭的危险,生态环境不断恶化,在此形势下推进生态文明建设要求改进环境成本内部化政策。本书从政府激励的角度,以中国的环境成本内部化政策为主要研究对象,基于环境外部性理论、环境资源价值理论、委托代理理论、激励性规制理论、博弈论和扩展的 STIRPAT 模型等相关理论基础和方法,对中国环境成本内部化的政府激励政策形成、发展、实施效果及应用中存在的问题等做了深入探讨和研究,并运用扩展的 STIRPAT 模型实证分析了中国产生外部环境成本的影响变量及内部化的影响因素,在环境成本内部化的利益相关方博弈分析基础上,借鉴欧盟环境成本内部化激励政策的成功经验,提出了完善中国环境成本内部化的政府激励政策建议,主要结论如下。

第一,通过对中国环境成本内部化政策的演变梳理,探究中国环境成本内部化激励政策应用中的问题与不足。中国的环境成本内部化政策经历了一个不断演化的过程,但中国环境成本内部化机制和政策尚未形成完整的体系,缺乏系统性和整体的连贯性,在宏观全局和战略高度真正发挥调控和规范约束作用的环境成本内部化激励政策尚未形成,致使在经济发展过程中,超过环境负荷的外部环境成本不断增加。

第二,针对影响中国外部环境成本产生的主要变量,对 STIRPAT

模型进行了扩展,建立了外部环境成本影响因素计量的模型,利用中国的 1990—2014 年面板数据进行实证研究发现,人口规模水平影响最大,碳排放强度影响最小;城市化水平和环境吸纳能力对环境成本无显著影响。针对产生外部环境成本的显著影响变量,提出了在人口规模约束下对于外部环境成本加以内部化的主要影响因素包括:环境规制、外贸政策、排污权交易、环境技术效率和公众环境意识。

第三,对环境成本内部化的利益相关方进行博弈分析,在讨论跨界环境成本内部化问题时,分别建立了发达国家和发展中国家以及只有两个国家参与的相邻国家跨界环境成本内部化博弈模型;在一国范围内的环境成本内部化中,分别构建了政府与企业、中央政府与地方政府以及中央政府、地方政府和企业的博弈模型。得出全球生态环境质量的提高,需要通过建立约束机制;国内的环境成本内部化,要求中央政府应尽快制定环境成本内部化的激励政策,充分发挥导向作用。

第四,在对环境成本的影响因素和环境成本内部化的利益相关方博弈分析基础上,针对中国环境成本内部化激励政策应用中的问题,借鉴欧盟环境成本内部化激励政策的经验,提出了完善环境成本内部化的政府激励政策建议,包括:激励导向的环境成本内部化制度、价格激励政策、税收激励政策、生态补偿激励政策和排污权交易激励政策。

二、研究展望

本书力图从多个角度对环境成本内部化的政府激励政策进行系统研究,通过对环境成本内部化的相关理论及中国的实践进行梳理,对现阶段的环境成本内部化的政府激励政策研究取得了初步的研究成果。同时,借鉴了大量国内外相关研究成果,力求拓宽研究视野,但环境成本内部化是围绕生态环境质量变化不断演进的发展工作,对其的研究应是一项动态的持续过程,本书的研究只是针对中国现阶段环境成本内部化发展研究的尝试,由于自身研究水平局限,还有些问题需要深入研究。

（1）可将环境成本内部化推进中的污染处理发展成为一个新兴的产业，将其产业化，再从产业发展的角度对其进行深入系统的研究。

（2）本书着眼于宏观层面的环境成本内部化政策研究，但对于企业及居民等微观操作层面的环境成本内部化技术实施研究探讨还有待进一步深入。

（3）环境成本内部化属于政府主导工作，现阶段远未达到完全市场化要求。因此，对于从宏观角度评价环境成本内部化的政府激励政策的效果，如何掌控激励政策的调控力度，以及如何有效及时调整政策激励手段，还需要深入研究。

以上问题及环境成本内部化发展中出现的新问题，希望在以后的研究中可以继续完善，力求获得更大的进步。

参考文献

陈钊:《信息与激励经济学》,上海人民出版社 2005 年版。

耿雷华等:《水源涵养与保护区域生态补偿机制研究》,中国环境科学出版社 2010 年版。

黄少安:《产权经济学导论》,经济科学出版社 2004 年版。

谢地主编:《政府规制经济学》,高等教育出版社 2003 年版。

张红凤等:《环境规制理论研究》,北京大学出版社 2012 年版。

张维迎:《博弈论与信息经济学》,上海人民出版社 2004 年版。

植草益:《微观规制经济学》,中国发展出版社 1992 年版。

朱学义:《矿产资源权益理论与应用研究》,社会科学出版社 2008 年版。

[英]阿尔弗里德·马歇尔:《经济学原理》,张桂玲等译,中国商业出版社 2009 年版。

[美]保罗·萨缪尔森:《经济学》,萧琛等译注,人民邮电出版社 2004 年版。

[英]戴维·皮尔斯、杰瑞米·沃福德:《世界无末日:经济学·环境与可持续发展》,张世秋等译,中国财政经济出版社 1997 年版。

[德]霍斯特·西伯特:《环境经济学》,蒋敏元译,中国林业出版社 2002 年版。

[美]斯蒂芬·P.罗宾斯:《组织行为学》,孙建敏等译,中国人民大

学出版社 2000 年版。

[英]亚瑟·赛斯尔·庇古:《福利经济学》,何玉长译,上海财经大学出版社 2001 年版。

安志蓉等:《环境绩效利益相关者的博弈分析及策略研究》,《经济问题探索》2013 年第 3 期。

安志蓉等:《可持续发展下企业环境成本内部化决策》,《江西社会科学》2014 年第 4 期。

白永秀、李伟:《我国环境管理体制改革的 30 年回顾》,《中国城市经济》2009 年第 1 期。

包刚:《环境资产在企业价值创造中的影响——兼论企业环境效益的会计归属》,《生态经济》2011 年第 1 期。

陈文韬、邹海英、余秋良:《挥发性有机化合物排污权交易有偿使用初始价格定价研究》,《环境与可持续发展》2016 年第 4 期。

陈诗一:《边际减排成本与中国环境税改革》,《中国社会科学》2011 年第 3 期。

迟诚:《中国的环境成本内在化研究》,《经济纵横》2010 年第 5 期。

储益萍:《排污权交易初始价格定价方案研究》,《环境科学与技术》2011 年第 12H 期。

崔景华:《促进我国排污权交易的财税政策探讨》,《财经问题研究》2007 年第 4 期。

邓敏等:《城市饮用水源地生态补偿机制研究》,《山西农业大学学报》2010 年第 4 期。

邓翔等:《欧盟生态创新政策及对我国的经验启示》,《甘肃社会科学》2014 年第 1 期。

丁唯佳等:《基于 STIRPAT 模型的中国制造业碳排放影响因素研究》,《数理统计与管理》2012 年第 3 期。

韩洪云、胡应得:《浙江省企业排污权交易参与意愿的影响因素研究》,《中国环境科学》2011 年第 3 期。

郝辽钢、刘健西:《激励理论研究的新趋势》,《北京工商大学学报》2003 年第 5 期。

郝英奇、刘金兰:《动力机制研究的理论基础与发展趋势》,《暨南学报(哲学社会科学版)》2006 年第 6 期。

何建武、李善同:《节能减排的环境税收政策影响分析》,《数量经济技术经济研究》2009 年第 1 期。

胡晓舒:《论中国排污权交易制度的构建》,《经济研究导刊》2011 年第 27 期。

胡振华:《关于环境成本内在化计量的问题》,《数量经济技术经济研究》2003 年第 10 期。

黄玉林等:《OECD 国家环境税改革比较分析》,《税务研究》2014 年第 10 期。

高萍:《中国环境税收制度建设的理论基础与政策措施》,《税务研究》2013 年第 8 期。

金梅、杨琪:《政府监管与企业环保行为的博弈分析》,《青海社会科学》2009 年第 3 期。

金帅等:《区域排污权交易系统监管机制均衡分析》,《中国人口·资源与环境》2011 年第 3 期。

李布:《欧盟碳排放交易体系的特征、绩效与启示》,《重庆理工大学学报(社会科学)》2010 年第 3 期。

李创:《国内排污权交易的实践经验及政策启示》,《理论月刊》2015 年第 7 期。

李钢、董敏杰、沈可挺:《强化环境规制政策对中国经济的影响——基于 CGE 模型的评估》,《中国工业经济》2012 年第 11 期。

李国平、李潇、萧代基:《生态补偿的理论标准与测算方法探讨》,《经济学家》2013 年第 2 期。

李庆:《新能源消费补贴的微观分析》,《财贸经济》2012 年第 12 期。

李毅等:《中国排污权交易政策及完善对策研究》,《四川环境》2014 年第 5 期。

李永友、文云飞:《中国排污权交易政策有效性研究——基于自然实验的实证分析》,《经济学家》2016 年第 5 期。

李振京、沈宏、刘炜杰:《英国环境税税收制度及启示》,《宏观经济管理》2012 年第 3 期。

林冰、刘方:《环境成本内在化与中国出口贸易关系的实证研究》,《山东理工大学学报(社会科学版)》2011 年第 1 期。

林伯强、蒋竺均:《中国二氧化碳的环境库兹涅茨曲线预测及影响因素分析》,《管理世界》2009 年第 4 期。

刘某承等:《欧盟农业生态补偿对中国 GIAHS 保护的启示》,《世界农业》2014 年第 6 期。

刘倩、丁慧平、侯海玮:《供应链环境成本内部化利益相关者行为抉择博弈探析》,《中国人口·资源与环境》2014 年第 6 期。

刘晔、周志波:《完全信息条件下寡占产品市场中的环境税效应研究》,《中国工业经济》2011 年第 8 期。

卢伟:《构建我国排污权交易体系的政策建议》,《中国经贸导刊》2012 年第 34 期。

卢中原:《瑞典的绿色税收转型及启示》,《中国财政》2007 年第 3 期。

罗云桂:《环境成本内部化探析》,《价格月刊》2007 年第 9 期。

吕志华、郝睿、葛玉萍:《环境税、税制设计与经济增长关系的研究述评》,《经济体制改革》2012 年第 5 期。

马宏伟等:《基于 STIRPAT 模型的我国人均二氧化碳排放影响因素分析》,《数理统计与管理》2015 年第 2 期。

茅铭晨:《政府管制理论研究综述》,《管理世界》2007 年第 2 期。

孟弘:《低碳经济背景下加快推进中国排污权交易的建议》,《科技管理研究》2011 年第 12 期。

欧阳志云、郑华、岳平:《建立我国生态补偿机制的思路与措施》,《生态学报》2013 年第 3 期。

乔世震:《试论环境成本》,《广西会计》2001 年第 5 期。

曲如晓、张业茹:《协调贸易与环境的最佳途径——环境成本内部化》,《中国人口·资源与环境》2006 年第 4 期。

任世丹、杜群:《国外生态补偿制度的实践》,《环境经济》2009 年第 1 期。

任艳红、周树勋:《基于总量控制的排污权交易机制改革思路研究》,《环境科学与管理》2016 年第 3 期。

宋小芬:《环境成本内部化与企业的竞争力》,《经济与管理》2004 年第 7 期。

苏明:《中国环境税改革问题研究》,《当代经济管理》2014 年第 11 期。

苏明等:《中国环境经济政策的回顾与展望》,《经济研究参考》2007 年第 27 期。

孙敬水、陈稚蕊、李志坚:《中国发展低碳经济的影响因素研究——基于扩展的 STIRPAT 模型分析》,《审计与经济研究》2011 年第 4 期。

孙思微:《基于 AHP 法的农业生态补偿政策绩效评估机制研究》,《经济视角》2011 年第 5 期。

孙炜红、张冲:《中国人口 10 年来受教育状况的变动情况》,《人口与社会》2014 年第 1 期。

孙欣:《省际节能减排效率变动及收敛性研究——基于 Malmquist 指数》,《统计与信息论坛》2010 年第 6 期。

孙新章等:《中国生态补偿的实践及其政策取向》,《资源科学》2006 年第 4 期。

涂正革、谌仁俊:《排污权交易机制在中国能否实现波特效应?》,《经济研究》2015 年第 7 期。

王金南等:《市场经济转型期中国环境税收政策的探讨》,《环境科学进展》1994 年第 2 期。

王齐:《政府管制与企业排污的博弈分析》,《中国人口·资源与环境》2004 年第 3 期。

王山山等:《全国排污费征收标准上调一倍》,《中国经济周刊》2014 年第 39 期。

王幼莉:《技术经济评价中环境成本内在化模型》,《预测》2005 年第 6 期。

王有强、董红:《德国农业生态补偿政策及其对中国的启示》,《云南民族大学学报(哲学社会科学版)》2016 年第 5 期。

王钰、张连城:《中国制造业向低碳经济型增长方式转变的影响因素及机制研究——基于 STIRPAT 模型对制造业 28 个行业动态面板数据的分析》,《经济学动态》2015 年第 4 期。

温桂芳、张群群:《能源资源性产品价格改革战略》,《经济研究参考》2014 年第 4 期。

问文等:《排污权交易政策与企业环保投资战略选择》,《浙江社会科学》2015 年第 11 期。

夏方:《瑞典第一大能源——生物质能发展概况及其启示》,《全球科技经济瞭望》2013 年第 8 期。

徐玖平、蒋洪强:《企业环境成本计量的投入产出模型及其实证分析》,《系统工程理论与实践》2003 年第 11 期。

徐少君、沈满洪:《浙江省排污权市场中的财政监管研究》,《浙江理工大学学报(社会科学版)》2015 年第 2 期。

徐瑜青、王燕祥、李超华:《环境成本计算方法研究——以火力发电厂为例》,《会计研究》2002 年第 3 期。

许广月、宋德勇:《我国出口贸易、经济增长与碳排放关系的实证研究》,《国际贸易问题》2010 年第 1 期。

杨晓萌:《欧盟的农业生态补偿政策及其启示》,《农业环境与发展》2008 年第 6 期。

殷志平、王先甲:《不对称信息下的企业排污与政府管制分析》,《武汉理工大学学报(信息与管理工程版)》2013 年第 1 期。

袁广达:《我国工业行业生态环境成本补偿标准设计——基于环境损害成本的计量方法与会计处理》,《会计研究》2014 年第 8 期。

袁广达等:《注册会计师视角下的生态补偿机制与政策设计研究》,《审计研究》2012 年第 6 期。

叶桂香:《德国节能减排政策措施及其监管体系对我省的启示》,《九江职业技术学院学报》2011 年第 3 期。

张汩红:《低碳经济下环境成本内部化途径探析》,《财会通讯》2012 年第 17 期。

赵敏:《环境规制的经济学理论根源探究》,《经济问题探索》2013 年第 4 期。

张兴平等:《基于 CGE 碳税政策对北京社会经济系统的影响分析》,《生态学报》2014 年第 12 期。

赵玉山、朱桂香:《国外流域生态补偿的实践模式及对中国的借鉴意义》,《世界农业》2008 年第 4 期。

郑晓青:《低碳经济、企业环境成本控制:一个概念性分析框架》,《企业经济》2011 年第 6 期。

郑宝华等:《基于低碳经济的中国区域全要素生产率研究》,《经济学动态》2011 年第 10 期。

钟茂初、李梦洁、杜威剑:《环境规制能否倒逼产业结构调整——

基于中国省际面板数据的实证检验》,《中国人口·资源与环境》2015
年第 8 期。

周春来等:《低碳经济环境下碳税与碳排放权交易对比分析》,《安
徽农学通报》2013 年第 21 期。

周守华、陶春华:《环境会计:理论综述与启示》,《会计研究》2012
年第 2 期。

周海赟:《碳税征收的国际经验、效果分析及其对中国的启示》,
《理论导刊》2018 年第 10 期。

朱皓云、陈旭:《我国排污权交易企业参与现状与对策研究》,《中
国软科学》2012 年第 6 期。

陈雯:《中国水污染治理的动态 CGE 模型构建与政策评估研究》,
湖南大学博士学位论文,2012 年。

郭晓:《规模化畜禽养殖业控制外部环境成本的补贴政策研究》,
西南大学博士学位论文,2012 年。

李惠茹:《外商直接投资对中国生态环境的影响效应研究》,河北
大学博士学位论文,2008 年。

刘书英:《我国低碳经济发展研究》,天津大学博士学位论文,
2012 年。

王凤:《公众参与环保行为的影响因素及其作用机理研究》,西北
大学博士学位论文,2007 年。

朱士华:《中国政府激励机制分析和研究》,电子科技大学硕士学
位论文,2003 年。

王炜瀚:《内部化与多国企业理论的研究——构建以知识观为基
础的多国企业理论框架》,对外经济贸易大学博士学位论文,2005 年。

李禾:《国外生态补偿机制》,《科技日报》2012 年 5 月 13 日。

张红凤:《简论中国特色规制经济学的构建》,《光明日报》2006 年
1 月 24 日。

《中华人民共和国国民经济和社会发展第十一个五年规划纲要》，《人民日报》2006 年 3 月 17 日。

《中华人民共和国国民经济和社会发展第十二个五年规划纲要》，《人民日报》2011 年 3 月 17 日。

《全面落实科学发展观 加快建设环境友好型社会》，《人民日报》2006 年 4 月 24 日。

《国务院关于印发"十三五"生态环境保护规划的通知》，2016 年 12 月 5 日，见 http：//www.gov.cn/zhengce/content/2016-12/05/content_5143290.htm。

《国务院关于印发国家环境保护"十二五"规划的通知》，2011 年 12 月 20 日，见 http：//www.gov.cn/zwgk/2011-12/20/content_2024895.htm。

《国务院关于印发节能减排综合性工作方案的通知》，2007 年 5 月 23 日，见 http：//www. gov. cn/xxgk/pub/govpublic/mrlm/200803/t20080328 _32749.html。

《国务院关于印发"十二五"节能减排综合性工作方案的通知》，2011 年 9 月 27 日，见 http：//www.gov.cn/zwgk/2011-09/07/content_1941731.htm。

《全国环境统计公报（2014 年）》，2015 年 10 月 29 日，见 http：//www.mee. gov. cn/gzfw_13107/hjtj/qghjtjgb/201605/t20160525 _346106.shtml。

2014 年《中国儿童发展纲要（2011—2020 年）》实施情况统计报告，国家统计局，见 http：//www. stats. gov. cn/tjsj/zxfb/201511/t20151127 _1282230.html。

2015 年国民经济和社会发展统计公报，国家统计局，见 http：//www.stats.gov.cn/tjsj/zxfb/201602/t20160229_1323991.html。

Martinez A.et al. , "Environmental Costs of A River Watershed within the European Water Framework Directive：Results from Physical Hydroponics", *Energy*, Vol.35, 2010, pp.1008−1016.

Buran B., Butler L., Currano A., Smith E., Tung W., Cleveland K., Buxton C., Lam D., Obler T., Rais−Bahrami S., Stryker M., Herold K., "Environmental Benefits of Implementing Alternative Energy Technologies in Developing Countries", *Applied Energy*, No.76, 2003, pp.89−100.

Christine Jasch, "Environmental Management Accounting (EMA) as the Next Step in the Evolution of Management Accounting", *Journal of Cleaner Production*, No.14, 2006, pp.1190−1193.

Cranford M., Mourato S., "Commnnity Conservation and a Two−stage Approach to Payments for Ecosystem Services", *Ecological Economics*, Vol. 71, No.15, 2011, pp.89−98.

Curtis Carlson, Dallas Burtraw, Maureen Cropper, Karen L. Palmer, "Sulfur Dioxide Control by Electric Utilities: What Are the Gains from Trade", *Journal of Political Economy*, No.108, 2000, pp.127−140.

Dietz T.Rosa E.A., "Rethinking the Environmental Impacts of Population, Affluence, and Technology", *Human Ecology Review*, No.1, 1994, pp. 277−300.

Pearce David W., Atkinson Giles D., "Capital Theory and the Measurement of Sustainable Development: an Indicator of Weak Sustainability", *Ecological Economic*, No.8, 1993, pp.103−108.

Ehrlich P.R., Holdren J.P., "Impact of Opulation Growth", *Science*, No.171, 1971, pp.1212−1217.

Ehrlich P.R., Holdren J.P., "One−dimensional Economy", *Bulletin of the Atomic Scientists*, Vol.28, No.5, 1972, pp.16−27.

Engel S., Pagiola S., Wunder S., "Designing Paymentsfor Environmental Services in Theory and Practise: An Overview of the Issues", *Ecological Economics*, Vol.65, No.4, 2008, pp.663−674.

Guo Hang, Jiang Yuansheng, "The Relationship between CO_2 Emissions, Economic Scale, Technology, Income and Population in China", *Procedia Environmental Sciences*, Vol.11, 2011, pp.1183-1188.

Hernandez-Sancho F., Molinos-Senante M., Sala-Garrido R., "Economic Valuation of Environmental Benefits from Wastewater Treatment Processes: An Empirical Approach for Spain", *Science of the Total Environment*, Vol.408, No.4, 2010, pp.953-957.

Imre Dobos, "Production Strategies under Environmental Constraints: Continuous-time Model with Concave Costs", *International Journal of Production Economics*, Vol.71, 2001, pp.323-330.

Home R.et al., "Motivations for Implementation of Ecological Compensation areas on Swiss Lowland Farms", *Journal of Rural Studies*, Vol.34, 2014, pp.26-36.

Jasch, Christine, "Environmental Management Accounting (EMA) as the Next Step in the Evolution of Management Accounting", *Journal of Cleaner Production*, No.14, 2006, pp.1190-1193.

Jean-Jacques Laffont, Jean Tirole, "Pollution Permits anden Vironmental Innovation", *Jounral of Public Economics*, No.62, 1996, pp.127-140.

Johnston D., Lowe R., Bell M., "An Exploration of the Technical Feasibility of Achieving CO_2 Emission Reductions in Excess of 60% within the UK Housing Stock by the Year 2050", *Energy Policy*, Vol.33, No.13, 2005, pp.1643-1659.

Jog C., Kosmopoulou G., "Experimental Evidence on the Performance of Emission Trading Schemes in the Presence of an Active Secondary Market", *Applied Economics*, Vol.46, No.5, 2014, pp.527-538.

Berechman J., Tseng PH., "Estimating the Environmental Costs of Port

Related Emissions:The Case of Kaohsiung", *Transportation Research Part D:Transport and Environment*,Vol.17,No.1,2012,pp.35-38.

Kosugi T.et al.,"Internalization of the External Costs of Global Environmental Damage in an Integrated Assessment Model",*Energy Policy*,Vol. 37,No.7,2009,pp.2664-2678.

Kotas Bithas,"Sustainability and Externalities:Is the Internalization of Externalities a Sufficient Condition for Sustainability?",*Ecological Economics*,Vol.70,No.10,2011,pp.1703-1706.

Miemczyk,Joe,"An Exploration of Institutional Constraints on Developing End-of-life Product Recovery Capabilities",*International Journal of Production Economics*,Vol.115,No.2,2008,pp.272-282.

Mori K.,"Modeling the Impact of a Carbon Tax:A trial Analysis for Washington State",*Energy Policy*,Vol.48,2012,pp.627-639.

Newton P.et al.,"Consequences of Actor Level Livelihood Heterogeneity for Additionality in a Tropical forest Payment for Environmental Services Programme with an Undifferentiated Reward Structure",*Global Environmental Change*,Vol.22,No.1,2012,pp.127-136.

O'Connor Martin,"The Internalization of Environmental Costs:Implementing the Polluter Pays Principle in the European Union",*International Journal of Environment and Pollution*,No.7,1997,pp.450-482.

Pavlos S.,Georgilakis,"Environmental Costs of Distribution Transformer Losses",*Applied Energy*,No.9,2011,pp.3146-3155.

Pham T. T., Campbell B. M., Carnett S., "Lessons for Pro - poor Payments for Environmental Services:An Analysis of Projects in Vietnam", *Asia Pacific Journal of Public Administration*, Vol. 31, No. 2, 2009, pp. 117-133.

Shoufu Lin,Dingtao Zhao,Dora Marinova,"Analysis of the Environmental Impact of China Based on STIRPAT Model", *Environmental Impact Assessment Review*, Vol.29, No.6, 2009, pp.341−347.

Telli C., Voyvoda E., Yeldan E., "Economics of Environmental Policy in Turkey: A General Equilibrium Investigation of the Economic Evaluation of Sectoral Emission Reduction Policies for Climate Change", *Journal of Policy Modeling*, Vol.30, No.2, 2008, pp.321−340.

Waggoner P.E., Ausubel J.H., "Aframework for Sustainability Science: A Renovated IPAT Identity", *PNAS*, Vol.99, No.12, 2002, pp.7860−7865.

Welsch Heinz, "Environment and Happiness: Valuation of air Pollution Using Life Satisfaction Data", *Ecological Economics*, No.58, 2006, pp. 801−813.

Wissema W., Dellink R., "AGE Analysis of the Impact of a Carbon Energy Tax on the Irish Economy", *Fcological Economics*, Vol.61, No.4, 2007, pp.671−683.

York R., Rose E.A., Dietz T., "STIRPAT, IPAT and IMPACT: Analytic Tools for Unpacking the Driving Forces of Environmental Impacts", *Ecological Economics*, Vol.46, 2003, pp.351−365.

索　引

A

艾尔利希　87,95

B

庇古　20,24,36,40,75

波特效应　114

博弈分析　9,28,30,120-123,127,
128,130,132,133,137,140,141,
191,218—220

F

负激励　34,35,52

H

环保投资　24,45

环境规制　9,10,75,107—109,
112,119,220

环境会计　12,14,15,206

环境绩效　19,140,142

J

激励性规制　31,45,51,52,54,58,
86,219

经济外溢性　17,20,24,25

K

库兹涅茨曲线　89

M

马歇尔　36

N

能源消费结构　89,90,93,94,97,
98,101,106,108,155,157,158,
190,193

P

排污权交易　5,20,23,24,52,53,

后　记

在本研究的成书过程中,得到河北大学管理学院博士生导师成新轩教授的大力支持,在此对成教授孜孜不倦的指导和教诲表示衷心的感谢! 同时,对为本书的写作提供宝贵建议的张双才、崔何瑞、李永臣、谷彦芳等诸位专家表示诚挚的谢意! 本书参考了国内外大量相关文献,并从中借鉴和吸收了许多有价值的内容,在此向有关专家学者表示衷心的感谢!

我曾多次参加有关环境经济及环境政策的研讨会,主持了多项相关课题的研究,为本书的写作奠定了良好的基础。但由于本人水平有限,对于书中存在疏漏或不足之处,敬请各位专家学者批评指正。

本书为作者于 2016 年承担的河北省社会科学基金项目(项目编号:HB16LJ011)的结项成果。

最后,感谢所有帮助和关心我的人,在此衷心祝愿大家身体健康,工作顺利,万事如意!

策划编辑:杨文霞
文字编辑:李甜甜
封面设计:徐 晖
责任校对:杜凤侠

图书在版编目(CIP)数据

环境成本内部化的政府激励政策研究/孟祥松 著. —北京:人民出版社,
 2021.7
ISBN 978－7－01－022516－6

Ⅰ.①环… Ⅱ.①孟… Ⅲ.①环境管理-成本管理-激励制度-研究
 Ⅳ.①X32

中国版本图书馆 CIP 数据核字(2020)第 187716 号

环境成本内部化的政府激励政策研究

HUANJING CHENGBEN NEIBUHUA DE ZHENGFU JILI ZHENGCE YANJIU

孟祥松 著

人民出版社 出版发行
(100706 北京市东城区隆福寺街 99 号)

环球东方(北京)印务有限公司印刷 新华书店经销

2021 年 7 月第 1 版 2021 年 7 月北京第 1 次印刷
开本:710 毫米×1000 毫米 1/16 印张:15.5
字数:217 千字

ISBN 978－7－01－022516－6 定价:59.00 元

邮购地址 100706 北京市东城区隆福寺街 99 号
人民东方图书销售中心 电话 (010)65250042 65289539